太阳能利用前沿技术丛书

光电净化水处理

孙 卓　张哲娟　宋也男　等编著

Photoelectric Purification
for Water Treatment

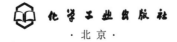

化学工业出版社

·北京·

内容简介

《光电净化水处理》在简要介绍光电净化技术的基础上，较为详细地介绍了污水的成分与性质，污水处理与海水淡化技术，重点阐述光化学、光催化、电催化、光电催化、膜电容等原理和技术以及在环境净化领域的应用，包括光电净化技术的工程应用及展望，全书理论与实践紧密结合，列举了大量领先的工程应用实例，为相关领域的技术和管理人员提供了重要的参考。

本书可供光电催化领域、环境材料领域、水处理领域的研究人员和技术人员参考阅读，也可供化工、环境等领域的人员参考阅读，还可供相关专业高等院校师生参考。

图书在版编目（CIP）数据

光电净化水处理 / 孙卓等编著. —北京：化学工业出版社，2021.5

（太阳能利用前沿技术丛书）

ISBN 978-7-122-38544-4

Ⅰ.①光… Ⅱ.①孙… Ⅲ.①太阳能技术-应用-污水处理 Ⅳ.①X703

中国版本图书馆CIP数据核字（2021）第030068号

责任编辑：袁海燕　　　　　　　　　　　　文字编辑：林　丹　骆倩文
责任校对：杜杏然　　　　　　　　　　　　装帧设计：王晓宇

出版发行：化学工业出版社（北京市东城区青年湖南街13号　邮政编码100011）
印　　装：北京瑞禾彩色印刷有限公司
710mm×1000mm　1/16　印张10　字数168千字　2021年7月北京第1版第1次印刷

购书咨询：010-64518888　　　　　　　　售后服务：010-64518899
网　　址：http://www.cip.com.cn
凡购买本书，如有缺损质量问题，本社销售中心负责调换。

定　　价：118.00元

"太阳能利用前沿技术丛书"编委会

丛书序

　　能源利用一直伴随着人类科技和经济发展的进程，从最初的利用天然火源到主动利用火，人类走过了从燃烧木材、木炭到燃烧煤炭的过程，从发现石油、天然气到利用清洁能源，人类逐渐走上了部分替代煤炭、石油、天然气等化石能源的清洁能源之路。

　　20 世纪 50 年代以来，人类逐渐认识到化石能源的危害，化石能源不可再生并逐渐走向枯竭，化石能源燃烧利用带来了严重的大气污染以及随之而来的温室效应。人们除了研究化石能源的清洁利用之外，如何发现和利用清洁能源成为各国科研人员共同面临的挑战。

　　太阳能作为已知的清洁能源，取之不尽、用之不竭，没有污染，人类利用太阳能有长久的历史，但科学利用太阳能始于 20 世纪，经过不断发展和进步，太阳能逐步走向能源利用的前台。目前，太阳能的开发与利用也带动了 21 世纪相关领域的科技发展，太阳能广泛利用的时代已初现端倪。

　　太阳能利用和储能技术涉及物理、光学、材料、化学，涉及光电转换等物质运动形态转换规律及利用技术，还涉及相关的工业设备和仪器，这都带动不同学科的发展和进步。如光伏材料和新型光伏电池的不断研究开发，促进了物理、化学、材料等学科的发展，还促进了太阳能系统设备等工程学科的研究和发展。太阳能等可再生能源的利用，也促进了储能技术领域的持续研究热潮和发展，等等。

　　站在能源利用替代和发展的历史节点，我国科研人员需要大视野、大格局、大情怀，不断突破行业固有桎梏，从规划、研究、技术应用等方面进行努力，运用学科综合思维和多领域交叉糅合等进行思维和技术调整，在已有基础上阔步前进，为我国能源科技进步提供有力支撑。

　　正是基于能源科技中太阳能等可再生能源的重要性，21 世纪以来，太阳能一直被列为我国中长期发展规划中的重要部分，在国家政策扶植和支持下，太阳能等可再生能源技术取得了长足的进步，如：光伏光电材料性能不断改善；电池效率不断提高，成本不断下降；新型电池研究取得一定突破；光热发电、储能方面也有多个示范项目等。三年前，在化学工业出版社积极协调和提议下，考虑组织编写"太阳能利用前沿技术丛书"。

根据丛书设置的初衷，拟定的出版方向包括：光伏、光热、光生物、光化学、储能、光电技术应用等领域，具体分册如下：

1. 太阳电池物理与技术应用（沈辉）

2. 基于纳米材料的光伏器件（戴宁）

3. 铜基化合物半导体薄膜太阳电池（孙云）

4. 染料敏化太阳电池（林原）

5. 高效晶体硅太阳电池技术（丁建宁）

6. 柔性太阳电池材料与器件（宋伟杰）

7. 光伏电池检测技术及应用（吴建国）

8. 植物的太阳能固能机制及应用（杨春虹）

9. 光电净化水处理技术（孙卓）

10. 太阳能高温集热原理及应用（王志峰）

11. 钠电池储能技术（温兆银）

12. 储能技术概论（陈海生）

各册主编均为国内相关行业领域的知名专家，经编委会各位同仁及出版社编辑的积极努力，丛书初具雏形，后续还将补充出版相关领域的内容。希望丛书的出版，能为我国太阳能领域与储能领域的各位技术人员提供一定的借鉴。

目前，我国太阳能、储能等新型能源技术不断发展，在绿色无污染的优势前提下，希望我国太阳能等能源技术不断应用和布局，为我国的绿色、进步提供动力。

中国科学院院士

国家能源集团首席科学家

中科院上海技术物理研究所研究员

2020 年 10 月

前言

当今社会发展面临能源与环境的问题，需要发展新的技术来解决社会发展所带来的能源与环境危机，而发展纳米光电技术和工程应用则是解决这类问题的有效途径之一。纳米光电技术主要有三大应用领域：信息（如光通信、光电显示等）、能源（如光伏、光热、光催化制氢等）、环境（如光电催化净化水、气等）。其中在环境领域的应用包括气体净化、水处理及固体废物处理等。光电技术在水处理领域的应用包括污水净化、纯水制备、海水淡化等，如采用光电催化技术可有效地分解水中的有机污染物，具有高效率、低能耗、无二次污染等特点，展现出良好的发展前景。本书针对光电净化技术在水处理领域的应用，特别是对于去除水中的可溶性有机物、各类离子（盐）等的技术和工艺进行了详细的论述；对水处理的原理、技术及应用进行了综述，对于光电净化技术相关的材料、器件、工艺、工程化应用及发展前景进行了较具体的论述，对于水处理的节能、减排和资源化利用提供了一条实用化的技术路线。

本书适合材料、光电子、环境、工程及管理等方面的专业人员作为参考，以了解新型光电技术在水处理领域及环境净化领域的新技术应用和发展前景。

除孙卓、张哲娟、宋也男外，聂耳、刘素霞、朴贤卿和赵然分别参加了第2章至第4章具体内容的编写和校对工作，对各位作者的辛勤付出表示感谢！

最后感谢华东师范大学、上海纳晶科技有限公司、苏州晶能科技有限公司等单位和相关人员，在本书写作过程中提供的翔实基础数据和工程应用实例。

孙　卓

2020 年 9 月 22 日

目录

O44　第3章　光电净化技术

118　第4章　光电净化技术的工程应用

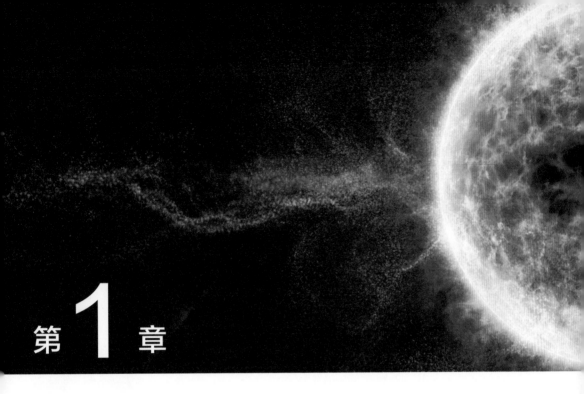

第 **1** 章

概 述

1.1
光电净化技术背景

1.1.1　光与水简介

　　光是由各种能量的光子所组成的，具有波粒二象性。目前，光速是人类已知的最高速度（约 $3×10^8$ m/s），现代物理或科学理论均是基于光速为极限速度而建立的，即所有速度不会超过光速。光的波长主要在 100～3000nm 范围，其中 100～380nm 为紫外光，380～780nm 为可见光，在 780 nm 以上为红外光。光子是具有能量而无质量的"粒子"，光的波长越短，光子的能量越高；反之，则光子的能量越低。

　　水由氢、氧元素组成，分子式为 H_2O。不同温度下，水主要以固、液、气三态的形式存在。温度（摄氏度）是以水的形态定义的，即冰水混合态为 0℃，水的沸点为 100℃［海平面 1atm（1atm=$1.01325×10^5$Pa）下，760mmHg（1mmHg=$1.33322×10^2$Pa）］。

　　"有了光和水就有了生命"。地球的能源主要来源于太阳光的辐射，使得气候，特别是气温，在一定阶段内较为稳定，形成了良好的生态环境，光为地球生命提供了能量来源。水在地球生态中起关键作用，地球表面约有 70% 被水覆盖。人体也是一个水生态系统，在人体的成分构成中水占 65%～70%，水是生命运行的重要载体，如水是构成血液、组织液、细胞内液等的主要成分，是生命最重要的组成部分。

1.1.2　水的重要性

　　水是生命之源，一切生命活动都起源于水。如人体内的水分，占到体重的 65%～70%，在人体中水成为液体循环系统的载体，具有维持机体的离子浓度渗透压、酸碱平衡和调节体温等作用。水本身也参与体内氧化、还原、合成、分解等化学反应。水的比热容高，有保持机体温度均衡和平衡的作用。

　　植物中含有的水分一般占体重的 80% 以上，也是有机合成（光合作用）和养料运输的载体，直接参与养料的运输和吸收、气体的运输和交换、离子的渗透和扩散等。

　　现代工农业生产和人类的日常生活更是离不开水，水在餐饮、清洗、灌溉、养殖、制造、加工、净化、冷却等方面发挥着重要的作用。随着社会经济的发展，人类的活动对环境的影响越来越大，特别是工农业生产中所排放的污水对环境的污染也越来越严重，许多区域的污染已超过了生态环境的自净恢复能力，造成了对生态环境的破坏。

地球表面约有70%被水覆盖，水对地球生态具有非常重要的作用。如具有调节气候的作用，大气中的水汽能阻挡约60%的地球辐射量，保护地球不至于被很快冷却。海洋和陆地水体在夏季能吸收存储热量，在冬季则能缓慢地释放热量，使气温在一定范围内保持恒定。海洋和地表中的水蒸发到天空中形成了云，云中的水通过降水落下来变成雨，冬天则变成雪。落于地表上的水渗入地下形成地下水；地下水又从地层里冒出来，形成泉水，经过小溪和江河汇入海洋。地球水循环如图1-1所示。

地球表层水体构成了水圈，包括海洋、河流、湖泊、沼泽、冰川、积雪、地下水和大气中的水。由于注入海洋的水带有一定的盐分，加上常年的积累和蒸发作用，海洋里的水都是咸水，占大部分（约占地表水体的97%）。陆地上的河流、湖泊中的淡水占一小部分（约占地表水体的3%）。按地球上水的体积分布，海洋水约占97.2%，冰川和冰盖水约占1.8%，地下水约占0.9%，湖泊和河里的淡水约占0.02%；大气中的水蒸气约占0.001%。

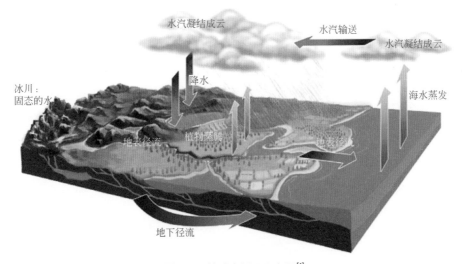

图1-1　地球水循环示意图[1]

1.2
光电净化技术介绍

1.2.1 自然界的光电净化现象

光合作用合成有机物：光合作用（photosynthesis）是绿色植物利用叶绿素等光合色素（或光合细菌），在光的照射下，将二氧化碳（硫化氢）和水转化为有机物，并释放出氧气（氢气）的生化过程。植物能够通过光合作用利用无机物生产有机物并且贮存能量。对地球上的碳－氧循环的相对稳定性而言，光合作用是必不可少的。

光降解有机物：与光合作用相反，光降解是指有机物在光的照射下与空气中的氧气反应，使有机物逐步氧化成小分子中间产物，并最终生成二氧化碳、水及其他离子如 NO_3^-、PO_4^{3-}、Cl^- 等而分解。有机物的光降解可分为直接光降解和间接光降解，直接光降解是指有机物分子吸收光能后进一步发生的化学反应；间接光降解是周围环境存在的某些物质吸收光能成激发态，再诱导一系列有机物进行反应。

1.2.2 人工发展的光电净化技术简介

有机物通过催化剂吸收光子或电子的能量使其氧化分解为二氧化碳和水而起到净化作用。具体包括光催化和光电催化等效应。

紫外光分解是指在紫外光作用下有机化合物发生氧化分解反应而最终生成 CO_2 和 H_2O。

光催化原理基于光催化剂在光的照射下具有加速反应的特征和现象，如催化水分解为氢气和氧气，催化有机物氧化分解为二氧化碳和水等。催化剂是可加速化学反应的物质，其本身并不参与反应。

1967 年日本东京大学的藤岛昭在试验中首次观察到光催化现象，即对放入水中的氧化钛单晶进行紫外光照射时，发现水被分解成了氧气和氢气（本多－藤岛效应，Honda-Fujishima Effect）。经过 50 多年的发展，光催化技术已逐步应用于清洁能源和环境领域。光催化技术在光的照射下可将有机污染物彻底降解为二氧化碳与水，而光催化材料自身无损耗，是环境净化领域的重要突破，是一种理想的环境净化技术。

光催化材料主要是金属氧化物纳米材料，如二氧化钛（TiO_2）、氧化锌（ZnO）、氧化锡（SnO_2）、二氧化锆（ZrO_2）、氧化钨（WO_3）、氧化铁（Fe_2O_3）、氧化铜

（CuO）、氧化铋（Bi_2O_3）、氧化钒（V_2O_5）、氧化钼（MoO_2）等多种氧化物半导体材料，或相关的硫化物半导体材料。

　　自然界与光催化效应相对应的是光合作用，即通过光合细菌或叶绿素，将无机物转化为有机物，经过约 30 亿年使得地球具备了生物生长的生态环境。与其相反，光催化反应是在催化剂表面吸收光子能量后，将有机物转化成了无机物，相当于光合作用的逆反应，原理如图 1-2 所示。

　　半导体光电催化技术作为一种新型的环境治理技术，具有氧化能力强、降解彻底、对污染物没有选择性、无二次污染、能耗低、操作简单、催化剂可以重复利用等优点，在产氢、水处理、各种有机物降解和空气净化等领域展示了广阔的应用前景。如半导体纳米材料 TiO_2 具有比表面积大、紫外光吸收性能好、无毒、化学性能稳定、氧化还原性强、成本低等特点，成为目前环境和能源科学领域的一个热点，并且在降解水和空气中的有机污染物方面已被证明非常有效，越来越引起各方面的重视。

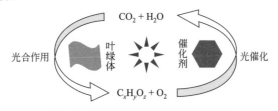

图1-2　光合作用与光催化反应示意图

　　半导体光电催化技术原理是在光照射过程中，半导体材料吸收相当于或高于其带隙的光能时，产生电子跃迁，使得电子从价带转移到导带，形成电子 - 空穴对［式（1-1）］。然后，光生电荷转移到光催化剂表面，并与吸附在光催化剂表面的污染物发生反应。导带中的电子能与氧气发生反应，生成超氧基团 O_2^-［式（1-2）］，此基团可能进一步与 H^+ 发生反应，生成 H_2O_2［式（1-3）］。另外，这些反应形成的新产物或价带中的空穴与水发生反应，生成羟基自由基·OH［式（1-4）和式（1-5）］，进而与有机污染物发生氧化反应，使其矿化为二氧化碳和水。这些活性很强的自由基具有很强的氧化能力，几乎可分解所有对人体和环境有害的有机物质和部分无机物质。与传统的技术相比，光催化技术具有以下突出的优点：在光照下可以直接发生反应，能有效地破坏许多结构稳定的生物难降解的有机污染物，使它们降解为二氧化碳和水等。在光催化过程中，加直流电压，可以促进光生电子和空穴的转移，抑制其复合，从而提高其光电催化的效率。可利用太阳光进行，若无太阳光时，可采用节能 LED 灯照射或施加低压直流电（＜12V）进行，同时没有引入任何化学试剂，不存在二次污染，其作用原理图如图 1-3 所

示。所以这是一种高效、节能、环保的新一代环境净化技术。

$$光催化剂 + h\nu \longrightarrow 光催化剂（h^+）+ e^- \qquad (1\text{-}1)$$

$$e^- + O_2 \longrightarrow O_2^{\cdot-} \qquad (1\text{-}2)$$

$$O_2^{\cdot-}(e^- + O_2) + 2H^+ \longrightarrow H_2O_2 \qquad (1\text{-}3)$$

$$H_2O_2 + O_2^{\cdot-} \longrightarrow \cdot OH + OH^- + O_2 \qquad (1\text{-}4)$$

$$H_2O \longrightarrow H^+ + \cdot OH \qquad (1\text{-}5)$$

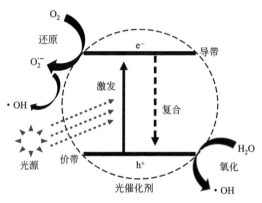

图1-3　光催化原理示意图

1.2.3　光电催化净化技术特点

光电催化净化技术具有以下优点：

① 反应温度低。可在常温下将水、空气和土壤中的有机污染物及重金属离子完全氧化和还原成为无毒无害的物质。

② 净化彻底。将有机污染物氧化后无任何二次污染。相比之下，目前广泛采用的活性炭吸附法并不分解污染物，只是将污染源转移。

③ 采用绿色能源。可利用太阳光作为能源来激发光电催化剂，诱发氧化和还原反应，在反应过程中催化剂不易消耗、寿命长。

④ 氧化性强。光电催化的有效氧化剂是电子-空穴对及羟基自由基，其氧化性高于常见的臭氧、双氧水、高锰酸钾、次氯酸等。

⑤ 具有普适性。如美国环保署公布的九大类114种污染物均被证实可通过光电催化得到治理；作为一种新型的净化技术，光电催化技术已用于建筑物、汽车、道路、农业、医疗、日用品等方面。具体应用包括室内、车内等空气净化；废水和饮用水深度处理；防霉、抗菌、杀菌、自清洁；制氢气等。

典型的半导体光电催化材料如 TiO_2、ZnO 等，其禁带宽度较大，在光催化过程中主要吸收紫外光，而太阳光谱中只有约 3% 的光属于紫外光，其在实际应用时催化效率较低。通过金属氧化物的掺杂和复合（如量子点、纳米碳等）可使得半导体材料的禁带宽度变窄，而使材料能吸收大部分可见光，可制备出性能优异的可见光催化材料；使得催化效率大幅提高，能解决实用化问题。如掺杂的纳米 TiO_2 可见光催化材料降解甲基橙的效率达 96%，降解甲基蓝的效率达 99%。在实际应用中，光催化技术只适用于处理较低浓度［如化学需氧量（COD）＜500mg/L］的有机污染物。对于高浓度的有机污染物，因光在水中的透过率较低，光催化效率也较低，一般需要采用以电为主的催化技术，即电催化技术，如电容式电化学催化氧化还原反应等，可有效去除和分解高浓度有机物以及还原重金属离子等，而使水质得以净化。若将光催化与电催化技术相结合，可大幅提高催化效率、降低应用成本，具有良好的实用性和发展前景。

参考文献

[1]　李慧. 说说水循环之你该知道的知识. 气象科普园地. http://www.cma.gov.cn/kppd/kppdqxsj/kppdtqqh/201811/t20181126_484208.html.

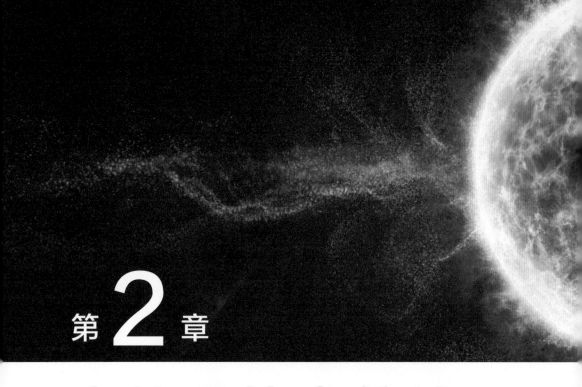

第 2 章

水处理技术综述

2.1
污水的概述

2.1.1　污水中的组分

本小节将简单描述污水中的成分，以及这些成分的物理、化学与生物方面的性质。一般来说，污水的定性取决于其物理与生化特性。污水中常常用一些相互关联的指标来描述其性质。举个简单的例子，在冬季和夏季，由于平均气温有显著的差别，水中的溶解氧会有不小的差异。在环境工程与环境治理中，主要关注的污水中几个有代表性的成分包括：

① 悬浮颗粒物。污水中的悬浮颗粒物中常常具有大量的养分与生物质，如果将污水直接排入自然水体中，悬浮颗粒物常常会导致污泥的沉积和水环境向厌氧的方向转化。

② 可生物降解的有机物。污水中可以被生物降解的有机物通常包括蛋白质、糖类和脂肪等。在环境领域中，常常用生化需氧量（BOD）与化学需氧量（COD）来标定这类有机物的浓度。如果将含有大量 COD 的污水排入自然水体中，有机物的生化特性常常会导致水体中溶解氧的大量消耗，造成环境缺氧。

③ 病原体。许多通过水体污染而传染的疾病都是由水体中的病原体造成的，病原体包括病毒，如肝炎病毒、脊髓灰质炎病毒、柯萨奇病毒和一些肠道病毒；致病菌，如大肠杆菌、沙门氏菌；寄生虫类，如阿米巴虫、血吸虫、猪肉绦虫等。

④ 营养物质。水中的营养物质主要是含有氮、磷、碳等元素的物质，当污染物排放超标时，这些营养物质会造成水体的富营养化，会导致诸如蓝藻之类的有害水生生物的大量繁殖，加剧水体的污染。

⑤ 首要污染物。水体中的首要污染物包含了有机化合物和无机化合物，一般具备潜在的致癌性、致畸性、致变性，或者具有很强的毒性。

⑥ 难降解有机物。水体中的难降解有机物，具有很强的抗生物降解性，用传统的污水处理手段难以降解，一般包括表面活性剂、苯酚类物质、农药杀虫剂等。

⑦ 重金属物质。自然水体中的重金属离子一般来源于工业污水，具有较大的毒性。含有重金属离子的工业污水如果需要被循环利用，一般需要预先回收处理其中的重金属离子，并以零排放为主。

⑧ 溶解性无机物。主要包括硬度（钙离子、镁离子）、各种可溶性离子（盐）。

2.1.2　取样与分析技术

适合的取样和分析技术在对污水的定性和定量方面有着非常重要的作用。取样的程序需要仔细地确定，在制订合理的取样程序的时候，需要考虑到以下几个因素：

① 取样得到的数据需要能够反映一个污水厂或者流域整体的运营或水质情况。

② 数据可以用于记录某一个工艺流程的运营过程。

③ 数据可以被用来判断是否需要在工艺流程中增加新的设备。

取样得到的数据需要包含以下几点特征：

① 具有代表性。数据需要代表污水和水环境中的真实情况。

② 具有可复制性。取样得到的数据需要可以被他人通过同样的取样方法和分析方法进行复制。

③ 具有可追溯性。取样的流程需要被详细地记录归档。数据必须有一定的准确度和精确度。

④ 具有可使用性。数据需要具备用来监控运营状态的功能。

世界上对污水分析的技术已经有了长时间广泛的研究。水体中主要的成分一般都以毫克每升（mg/L）来表示。为了准确地表示出污水中组分的主要成分，一般都会定量地用质量、容量或者物质的量来进行表示。在物理化学的方法里，除了质量和溶剂之外的其他参数，比如浊度、色度、电压、吸光度、荧光度和放射性等参数很具有测量的代表性。

2.1.3　污水的性质

污水的物理性质主要是针对其固态成分的，其固态成分包括悬浮物、可沉降物、胶体和一些溶解态的物质。其他重要的物理性质包括颗粒物的大小尺寸分布、浊度、色度、吸光度、温度、电导率、密度等。

污水中存在的固态物质包括从大的杂质到水中的胶体物质。在一般的污水定性分析过程中，通常需要通过预处理将比较粗大的颗粒物过滤掉。一般来说分离 TSS 与 TDS 的方法是通过一个过滤装置进行的。所用过滤膜的孔径一般为 0.45～2μm。过滤膜孔径越小，所测得的 TSS 值就越高。所以在测量 TSS 时，需要标明所选用的过滤膜的孔径尺寸。表 2-1 为污水中不同固态物质的定义。

表2-1　污水中不同固态物质的定义

名称	定义
TS（总固体，total solids）	未经处理的污水蒸发干燥（103～105℃）后的残留物
TVS（总挥发性固体，total volatile solids）	TS在500℃条件下消解被气化的部分
TFS（总固定性固体，total fixed solids）	TS在500℃条件下消解后残余的部分
TSS（总悬浮固体，total suspended solids）	TS过滤后经105℃干燥后残留的部分
VSS（可挥发性悬浮固体，volatile suspended solids）	TSS在500℃条件下燃烧后挥发掉的部分
FSS（固定悬浮固体，fixed suspended solids）	TSS在500℃条件下燃烧后残留的部分
TDS（总可溶性固体，total dissolved solids）	过滤后滤出液蒸发烘干后的残留物，一般包括胶体和可溶性物质
VDS（固定可溶性固体，fixed soluble solids）	TDS燃烧后被气化的部分

2.1.4　污水中的无机物和有机物

水中的化学成分一般可分为无机物和有机物。其中的无机物主要包括无机营养物质、非金属物质、金属物质和气体。金属无机物与非金属无机物在废水中的比例主要取决于当地的污水排放背景环境（市政污水、高度矿化的井水、工业污水等）。市政与工业水的软化剂也很大程度上增多了污水中矿物质的组成成分。废水中不同种类的无机物对于废水的资源化利用影响很大，因此这些重要的组成成分需要被分别考虑，它们包括pH，氮、磷、氯、硫和其他的一些无机成分，也包括气体和气味。

① pH值。pH值是溶液中氢离子浓度表示方法，是自然水体与废水中重要的指标。它一般用式（2-1）表示：

$$pH = -\lg c(H^+) \tag{2-1}$$

在水体中适合绝大多数有机物生长的pH值范围是非常狭窄的，一般在6～9之间。有着非常极端pH值的污水一般很难直接用生物方法进行处理。一般经过处理后可以排放到自然水体中的污水pH值被控制在6.5～8.5之间。

② 余氯。污水中的余氯可以很大程度上决定经过处理后的污水的应用范围。自然水体中的余氯一般来自含氯的岩石或土壤。工农业与市政污水也是地表水余氯的排放源。每人每天的粪便会排放6g左右的氯。在一些水的硬度比较高的地区，家用的软水装置也会带来大量的余氯。

③ 碱度。水中的碱度一般是由氢氧根离子、碳酸根离子和碳酸氢根离子与水中的钙离子、镁离子等所形成的。污水中的碱度可以在一定程度上帮助水体维持本身的pH值，避免受到酸性物质的冲击。市政污水一般绝大多数都是碱性的，其碱度在很大程度上决定了污水的生化处理效率。

④ 氮。水中的氮是微生物生长的重要元素，通常在水质指标中，氨氮、硝酸盐、亚硝酸盐、凯氏氮和总氮这几个指标特别被重视。总氮包含了各种形态的氮，而凯氏氮包含了所有有机态的氮。

⑤ 磷。磷是水中的藻类生物和其他微生物的重要生长元素。地表水的富营养化常常造成藻类生物井喷式的增长，控制水体中磷的含量是人们所关注的重点。市政的废水中一般含有 4～16mg/L 的磷。水体中常见的磷元素常常以正磷酸盐、聚磷酸盐和有机磷的形式存在。正磷酸盐一般包括 PO_4^{3-}、HPO_4^{2-}、$H_2PO_4^-$ 和 H_3PO_4。这些无机磷都可以直接参与到微生物的新陈代谢中，不会被进一步降解。有机磷则存在于大分子之中，通常与碳、氢、氧等元素共同存在。有机磷如要变成正磷酸盐的形式需要先进行缓慢水解，其在市政污水中的重要性不高。

⑥ 硫。硫元素在污水中常常以硫酸根离子的形态存在。硫元素在微生物合成蛋白质的过程中起重要作用，同时也出现在微生物的代谢产物中。硫酸根离子通常在厌氧条件下被微生物降解为负二价硫离子，硫离子再和氢离子反应生成硫化氢气体。硫化氢气体在污水中常常与甲烷气体一起会产生腐蚀管道的危害，同时当硫离子的浓度超过 200mg/L 时，会对生物反应产生抑制作用。

⑦ 溶解氧。水体中的溶解氧是有氧微生物进行呼吸作用维持生命的必要条件。但是，水中的氧气溶解度并不高。因此在污水处理生物降解过程中，常常使用曝气装置对有氧池进行曝气处理，以增加水体中溶解氧的含量。

⑧ 化学需氧量与生化需氧量。污水中的有机物一般由蛋白质（40%～60%）、糖类（25%～50%）与脂肪（8%～12%）构成。对于污水中有机物的表示方法，一般用化学需氧量（COD）与生化需氧量（BOD）这两个专有名词来表达。

化学需氧量（COD）含义为化学方法检测确定出的水样中需要被氧化的还原性物质的量。也可以表示为处理后的出水和被污染的水中，可被强氧化剂氧化的物质的氧当量。在污水治理以及工业废水性质分析领域，COD 是一种应用比例很高的指标，其测定方便，且可对有机物污染水平进行有效的描述。COD 用于描述污水中的有机物量，可根据强酸性环境下强氧化物氧化 1L 污水中有机物对应的氧量来计算确定。在描述水体有机污染方面经常用到 COD 指标。

可根据强酸环境中一定的强氧化剂处理水样对应的氧化剂量确定出 COD，可通过其反映出水体中还原性物质的量。还原性物质有很多种，主要的如亚硝酸盐、硫化物等，不过其中占比例较高的为有机物。水中有机物含量水平一般通过此指标进行描述。COD 高则可判断出水体受有机物的污染越严重。在测定此指标时，针对相同水样中的还原性物质，选择的测定方法会对所得结果有直接的影响。目前此领域应用频率最高的为酸性高锰酸钾氧化法与重铬酸钾氧化法。前一种方法的特征表现为容易操作，不过氧化率较低，在检测时如果有机物含量超过一定水平，则一般选择重铬酸钾氧化法，其优势表现为适用性高、氧化率高，同时重复性也较好。有机物会明显地影响到工业水系统，因而很有必要进行适当的检测和处理。理论分析可知 COD 中也含无机还原性物质，不过实际情况下废水中无机物的量相对于有机物的量很少，可忽略不计，因而主要通过 COD 描述其中有机物的总量。此外在实际的测定过程中，不含氮的有机物易被氧化，而含氮的有机物不容易被氧化，处理难度高。因而对天然水或含容易被氧化的有机物的一般废水，含氧量指标有较高的适用性，而成分复杂的情况下，一般选择 COD。

根据水处理经验可知，含有机物的水在通过除盐系统的过程中，会对离子交换树脂产生污染，而影响其性能。在预处理后，废水中的有机物可大幅度减少，不过在除盐系统中无法除去，而进入锅炉中进而降低了炉水的酸碱度。一些情况下有机物也会进入蒸汽系统而影响水体酸碱度，进而对设备造成损坏。此外有机物含量高的情况下微生物也会大量繁殖，不利于其后的处理。因而从除盐、锅炉水等相关方面看，COD 都应该控制在较低水平。不过目前此方面还没有明确的限制指标。根据实际的经验可知，在循环冷却水系统中 COD 高于 5mg/L 时，水质已恶化。

从饮用水的标准来看：Ⅰ类和Ⅱ类水 COD≤15mg/L，Ⅲ类水 COD≤20mg/L，Ⅳ类水 COD≤30mg/L，Ⅴ类水 COD≤40mg/L。化学需氧量数值大小和水体的污染严重性正相关。对自来水和地表水的国标进行对比后，得出表 2-2。

表2-2　生活饮用水与地表水的国标对比　　　　　　　　　单位：mg/L

指标	地表水（GB 3838—2002）					自来水（GB 5749—2006）
	Ⅰ类	Ⅱ类	Ⅲ类	Ⅳ类	Ⅴ类	
砷 ≤	0.05	0.05	0.05	0.1	0.1	0.01
镉 ≤	0.001	0.005	0.005	0.005	0.01	0.005
铬（Ⅵ）≤	0.01	0.05	0.05	0.05	0.1	0.05
汞 ≤	0.00005	0.00005	0.0001	0.001	0.001	0.001
铅 ≤	0.01	0.01	0.05	0.05	0.1	0.01
氰化物 ≤	0.005	0.05	0.2	0.2	0.2	0.05
氟化物 ≤	1.0	1.0	1.0	1.5	1.5	1.0
铜 ≤	0.01	1.0	1.0	1.0	1.0	1.0
锌 ≤	0.05	1.0	1.0	2.0	2.0	1.0
硒 ≤	0.01	0.01	0.01	0.02	0.02	0.01
挥发酚 ≤	0.002	0.002	0.005	0.01	0.1	0.002
阴离子洗涤剂 ≤	0.2	0.2	0.2	0.3	0.3	0.3
硫化物 ≤	0.05	0.1	0.2	0.5	1.0	0.02
氨氮（NH$_3$—N）≤	0.15	0.5	1.0	1.5	2.0	0.5

COD 高则说明水体中的还原性物质多，而对河水而言此指标高则可判断出河水的有机物污染严重，农药、有机肥料等都可能成为这些污染物的来源。在没有有效处理的情况下，很多有机污染物会被河底部的污泥吸附而沉积，在其后长时间内都产生危害。在水生生物大量死亡后，其影响和危害也会进一步体现出来。人若以水中的生物为食，则在食物链的作用下，大量的有毒物进入体内，从而影响健康。此外这类物质一般都表现出较强的致癌、致畸作用，从而引发各种危害。而受污染的河水灌溉后会导致农作物被污染，进而影响农作物的品质和使用价值。但 COD 高的情况下前述危害并非必然会存在，具体判断过程中还应该根据实际情况进行综合分析，从而确定出有机物对水质和生态有何影响。而在条件不具备、无法进行详细分析时，则可适当的间隔几天再对水样做 COD 测定，对所得结果进行对比分析，如果发现比前值下降很多，则可判断出其中的还原性物质大部分易降解，因而不会产生明显的危害。

生化需氧量也被称为生化耗氧量（BOD），其含义为一定温度条件下，水体中的好氧微生物降解水中有机物，在一定氧化期间需要的溶解氧量。分析可知此指标表现出一定的综合性，可通过其反映出水中有机物等需氧污染物质的含量。在描述水质污染方面此指标也被广泛应用。可降解有机物的氧当量可看作是废水和受污染的水中微生物利用有机物繁殖需要的氧量。地面水中的污染物，通过微生物进行降解期间消耗水中溶解氧的量即 BOD，可通过此指标描述水中可生物降解的有机物量。在微生物的代谢作用下，水中的有机物被氧化分解而转换为气体的过程中消耗的溶解氧的量就是 BOD。此指标的大小和水中有机污染物的量存在正相关关系。污水中的各种有机物以及制糖、食品、造纸等生产过程中排放的污水中的蛋白质、油脂等都可看作是有机污染物。在有氧菌的生物化学作用下，这些物质可分解，不过在分解期间需要消耗氧气，因而根据这一特征而将此类物质称为需氧污染物质。排入水体的这类物质过多的情况下，很容易导致水中溶解氧缺乏，此外在厌氧菌的分解作用下，这些物质会分解而产生腐烂、发臭现象，导致水体变质、发臭。根据经验可知这类污染物完全氧化分解大约需要一百天。而在检测过程中为满足检测速度相关要求，一般情况下需要通过五日生化需氧量进行代替，也就是以被检验的水样在 20℃下、5 天内的耗氧量为代表，对应的需氧量，简称 BOD_5，一般情况下此指标可对完全氧化分解耗氧量进行近似的描述，数值上看，大约为后者的 70%。

根据以上定义可知 BOD 并非精确值，不过其可间接反映水中有机物的相对含量，且容易获得，因而在环境监测领域被广泛应用；在水环境模拟中，由于受到各种因素的影响，也不可能检测水中每种化合物，因而可通过此指标对水中有机物改变情况进行近似描述。

生化需氧量（BOD）和化学需氧量（COD）的比值可反映出水体中难分解的有机物比例，这类有机物很容易影响环境，且相应的危害更严重。在废水中这一比值大于 0.3 的情况下，选择生化方法可更好地进行水处理。在 BOD 测定时，设置的测定条件为 20℃、5 天，且通过氧的浓度（mg/L）来表示结果，记为 BOD_5。

根据经验可知一般干净河流的 BOD_5 低于 2mg/L，超过 10mg/L 情况下会产生恶臭味。工农业用水需要此指标小于 5mg/L，饮用水应不超过 1mg/L。对于一般的生活污水有机废水，硝化过程在 5～7 天以后才能显著展开，因此不会影响有机物 BOD_5 的测量；对于特殊的有机废水，为了避免硝化过程耗氧所带来的干扰，可以在样本中添加抑制剂。

2.2
纯水制备

2.2.1　反渗透技术

反渗透（reverse osmosis，RO）技术[1]是一种使用半透膜从水中去除离子、分子的水净化技术。这种技术进行处理时，环境对膜施加的压力与渗透压的方向相反，而在进行反渗透时，外界压力用于克服渗透压。渗透压表现出一定的依数性质，其和化学势差存在相关性。

许多类型的溶解化学物质的处理过程中，都可以应用到 RO 技术，也可通过其对悬浮的化学物质进行处理。此外在工业过程和饮用水处理领域也有广泛的应用。这种处理模式下，溶质留在加压侧，纯溶剂则会进入到另一侧。在实际处理过程中，为满足此要求需要控制半透膜的孔径相对较小，不允许大分子通过，而水分子可自由通过。

在渗透过程中，正常情况下受到化学势的影响，溶剂从低溶质浓度侧进入到高溶质浓度侧。在膜两侧的溶质浓度差的影响下，溶剂移动，移动后会导致系统的总体自由能降低。在此过程中会产生渗透压。也可以根据要求施加外部压力，使得纯溶剂的自然流动的方向逆转，这就是反渗透技术，如图 2-1 所示。目前与此相关的研究已经有很多，不过反渗透和一般的过滤差异很明显。在进行膜过滤时，主要基于相应的应变或尺寸排阻而实现过滤目的，这样在过滤过程中不考虑溶液的压力和浓度，单纯基于膜的半通透性就可以完美达到过滤的目的。而反渗

透过程中还涉及扩散，因而也需要满足压力、流速相关的条件。这种技术最主要的应用是从海水中净化制淡水。

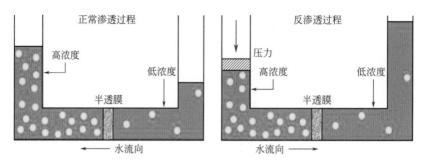

图2-1　反渗透示意图

2.2.1.1　反渗透技术的发展历史

反渗透技术最早是通过猪膀胱容器发现的，将装满酒精的猪膀胱放入水中，发现酒精变稀了，说明水能自然地扩散到膀胱中。其后的研究中，渗透主要是作为实验观察到的一种现象，很少进行应用研究。进入 20 世纪 50 年代后，人们发现海鸥可以直接饮用海水，而根据常识可知陆地上的哺乳动物基本上无法饮用海水，而海鸥饮用海水的奥秘是什么呢？其后的研究过程中，对海鸥进行了解剖，结果发现在海鸥嗉囊位置中有一层薄膜，膜的结构表现出一定的特殊性，其中有很多小孔，而海鸥在喝水过程中通过此层薄膜把海水过滤为淡水，其余的则吐出嘴外。此次发现反渗透现象后便开始了对反渗透技术的研究。

20 世纪 50 年代中期，来自加利福尼亚大学洛杉矶分校和佛罗里达大学的研究人员，通过反渗透膜成功地从海水中制备出了淡水，但是通量太低而不具备商业化的可行性。之后，加州大学洛杉矶分校的研究人员发现了制造非对称膜的方法，即在厚厚的高度多孔基底层上面覆盖一层薄薄的"皮肤"层。Filmtec 公司的 John Cadotte 发现具有特别高通量和低盐通量的膜可以通过间苯二胺和均苯三甲酰氯的界面聚合制备而成。这个专利已过期，所以现在几乎所有的商业反渗透膜都是用这种方法制成的[2]。到 2010 年，全世界有 3 万多个使用 RO 膜技术的海水淡化厂在运营或规划[3]。

在形式上，反渗透是通过施加超过渗透压的压力迫使溶剂从高溶质浓度区域通过半透膜到低溶质浓度区域的过程。反渗透技术最大和最重要的应用是从海水和微咸水中分离纯净水，海水或微咸水对膜的一个表面加压，导致盐耗尽的水通过膜传输并从低压侧产出淡水。施加的超高压，对于淡水和微咸水通常为 $0.21 \times 10^6 \sim 1.72 \times 10^6 Pa$，对于海水为 $4.14 \times 10^6 \sim 8.27 \times 10^6 Pa$。反渗透技术以其在海水淡化中的应用而闻名（从海水中去除盐和其他矿物质以产生淡水），而自 20 世纪 70 年代初以来，也被广泛用于净化医疗、工业和家庭应用的淡水生产中。反渗透技术最早被应用在航天领域，将尿液回收为纯水使用，而在临床治疗领域，也通过其进行血液透析。反渗透膜的适用性高，应用范围很广，可用于重金属、农药、杂质的分离提纯，效果很显著。在处理过程中单纯用到物理法，不需要加入任何杀菌剂和化学物质，可避免化学变相。这种膜的特点还表现为不分离溶解氧，因而通过其处理后得到的纯水清甜可口[4]。

2.2.1.2　反渗透的原理

反渗透在杂质分离领域被广泛应用，其基于压力差进行推动，而从溶液中分离出溶剂。在分离过程中需要向膜一侧的液体施加压力，在压力足够大而超出相应的膜渗透压的情况下，溶质会进行反向渗透，而实现处理目标。处理后低压侧得到溶剂而高压侧则获得高度浓缩的溶液。通过其处理海水就可以获得淡水。

反渗透时，可通过式（2-2）描述溶剂的渗透速率即液流能量 N 为：

$$N = Kh(\Delta p - \Delta \pi) \tag{2-2}$$

式中，Kh 为水力渗透系数，其和环境温度存在一定相关性；Δp 为静压差；$\Delta \pi$ 为渗透压差。

基于式（2-3）确定出稀溶液的渗透压：

$$\pi = icRT \tag{2-3}$$

式中，i 为溶质分子电离生成的离子数；c 为溶质的摩尔浓度。

关于反渗透膜的传质机理的研究已经有很多，且建立了很多模型，其中被广泛应用的有溶解 - 扩散模型、优先吸附 - 毛细孔流原理、氢键理论等，以下对这些模型进行具体论述。

① 溶解 - 扩散模型是 20 世纪 70 年代 Lonsdale 等学者[5-7]建立的，在这种模型中反渗透的活性表面皮层被看作一层致密无孔的膜，且认为溶质和溶剂都可在非多孔膜表面层内充分溶解，在化学势的作用下二者可有效地扩散通过膜。二者通过膜的能量主要和溶解度的差异存在相关性。扩散相应的流程具体如下：第一步，溶质和溶剂在膜的料液侧表面外吸附和溶解；第二步，溶质和溶剂在二者各自化学势的推动作用下，基于不同的方式通过反渗透膜的活性层，为其后的透过提供支持；第三步，二者在膜的透过液侧表面解吸。这几个步骤的时间存在一定差异性，一般情况下，认为第一步和第三步进行得很快，而第二步进行得相对慢。也就是溶质和溶剂受到化学势的影响而扩散通过膜。膜表现出较高的选择性，因而可有效地使得气体混合物分离。渗透能力的影响因素很多，主要和扩散

系数有关，此外也和其在膜中的溶解度有一定关系。可通过菲克定律来描述溶剂和溶质在膜中的扩散过程。根据此种定律，溶剂和溶质都可能溶于膜表面，而渗透性能的主要影响因素之一为扩散系数，也和溶剂在膜中的溶解度存在相关性，对比分析可知溶质的扩散系数明显低于水分子的扩散系数，因而通过膜的水分子更多，这也是二者渗透性能差异的主要原因。

② 根据优先吸附 - 毛细孔流原理进行分析时，反渗透性能的影响因素主要包括：一是平衡效应，其主要的影响因素为膜的排斥势和吸附势梯度，在一定条件下会处于吸附脱附平衡；二是动力学效应，此效应的影响因素为位阻效应与势梯度，这两个因素还存在一定的交互性。该理论是物理学家 Sourirajan 建立的，他认为根据吉布斯方程进行分析，膜的浓度梯度是由表面力而引发的，在其作用下溶液中某组分在界面上可优先吸附。在一定的溶液体系中，此种吸附的趋势影响因素为膜材料表面的化学性质。在体系中有各类物质的情况下，对应的表面张力产生的改变也存在差异性。常见的如水中溶有很多醇、酸、醛的情况下，其表面张力降低，不过溶入某些无机盐类后则起到相反的变化，其原因主要为溶质分散性不同。分析可知溶质在溶液表面和溶液内部的溶解度存在显著的差异性，因而产生了表面吸附。在水溶液与膜接触过程中，如果膜对溶质为负吸附，对水为正吸附，这种情况下二者的界面可产生一定厚度的纯水层。它在外压的作用下，会透过膜上的毛细孔，这样就可以得到满足要求的水溶液[8-10]。

③ 在醋酸纤维素膜中，在分子间作用力和氢键的作用下，膜中可出现两种区域，也就是晶相区域与非晶相区域，前一种区域也就是大分子牢固结合区，而后一种区域中大分子混乱排列，表现出明显的无序特征，如图 2-2 所示。在接近醋酸纤维素分子的区域，水和这种分子中的氧原子会形成氢键，并在此基础上产生结合水。而这种膜在吸附第一层水分子后，会显著地降低水分子熵值，这样获得的物质类似于冰。在非晶相区域中一般没有多少结合水，而在孔的中心区域则为普通结构的水，在膜的表面上无法产生氢键的离子或分子则进入结合水，其后则不断地扩散移动，且可在改变氢键的位置模式下而顺次不断地通过膜。而受到压力差的影响，溶液中的水分子和羧基上的氧原子可进行一定的组合而形成氢键，而原有的氢键被断开，这样就可使水分子解离，而产生新的氢键。这样就可以在不断的氢键形成与断开过程中，使得水分子通过致密活性层而进入多孔层。多孔层中的毛细管水很多，水分子的进出不受明显的制约[11]。

2.2.1.3 反渗透技术在水处理中的应用

反渗透技术在有各方面均有独特的优势，具体表现如下：①反渗透分离是在

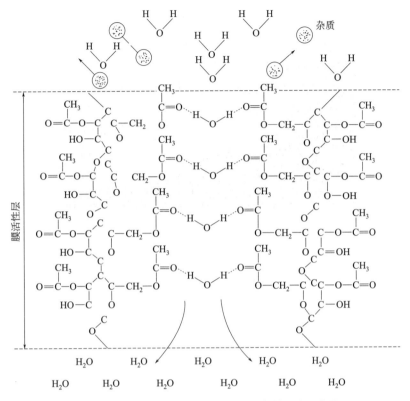

图2-2　水在醋酸纤维素膜中的传递－氢键反应示意图

压力驱动下进行的，在渗透过程中不出现相变；②不必用到很多沉淀剂和吸附剂，处理成本相对化学法明显降低；③相应的工程设计和操作很容易，时间短；④净化效率高，不会对环境产生明显的影响，表现出较高的环保性。在生活和工业水处理领域，反渗透技术目前已经开始应用，且取得了很好的效果，常见的如咸水淡化、饮用水净化、纯水制备，此外其在食品加工领域也有一定应用。典型的应用如图 2-3 所示。

用于反渗透的膜材料目前有三醋酸纤维素（CTA）、芳香族聚酰胺复合膜材料。在一些系统中，省略碳预滤器并使用醋酸纤维素膜，另一些系统中则使用碳预滤器和复合膜。CTA 是纸制造过程中的一种副产物膜，与合成层结合使用并可与水中的氯接触，CTA 膜的典型截留率为 85%～95%。CTA 膜需要水中的少量氯来防止细菌在其上形成，除非用氯化水保护，否则三醋酸纤维素膜易于腐烂。然而薄膜复合膜恰恰相反，在氯的影响下易于分解。薄膜复合（TFC）膜由合成材料制成，并且在水进入膜之前需要除去氯。为了保护 TFC 膜元件免受氯损害，碳过滤器在所有反渗透系统中用作预处理。与 CTA 膜相比，TFC 膜具有

图2-3　反渗透膜实例

更高的截留率（95%～98%）和更长的寿命[12,13]。

2.2.2　电渗析技术

有关电渗析（electro dialysis，ED）的研究始于1903年，将两根电极分别置于透析袋内、外部溶液中，结果发现这样可将凝胶中的带电杂质迅速地除去；其后对此装置进行了改进，而使传质速率大幅度提高；20世纪40年代发展了具有一定应用价值的多隔室电渗析装置；第二次世界大战结束后Juda则研发出一种表现出高选择透过性的交换膜，这为其后电渗析技术的成熟和应用打下了良好的基础[14]。

20世纪50年代美国Ionics公司在进行研究时，建立了一种电渗析装置，且在苦咸水淡化处理方面表现出良好的应用价值，因而该技术开始被广泛关注，应用领域也进一步扩大。日本学者起初研究这种技术用于海水浓缩制盐，其后的发展中，已经研发出了一种高性能的单价离子交换膜，这在提升日本的电渗析海水浓缩制盐水平方面表现出明显的优势。20世纪70年代日本研究者进一步研发出了高性能海水淡化装置，可日产饮用水一百多吨，性能达到世界领先水平。此后这方面的研究开始不断增加，美国学者建立了一种频繁倒极电渗析装置，结果发现其处理稳定性大幅度提升。在此研究基础上一些填充床电渗析、双极膜电渗析装置也被研发出来，性能水平得到了明显的提升，也为电渗析技术的进一步应用打下了良好的基础。

我国电渗析技术的研究开始于20世纪50年代，在其后的发展过程中，聚乙烯醇异相离子交换膜开始被不断地研发出来，且应用到一些小型电渗析设备中，相关的实验研究取得很大进展。60年代中期，成昆铁路引入了电渗析苦咸水淡化装置。此后聚苯乙烯异相膜开始被大规模地生产出来，这也显著地促进了电渗析技术的推广发展，为其进一步应用打下了良好的基础。日产初级纯水6600t的电渗析制水车间也于 1976 年在上海建成。80 年代初期，西沙永兴岛建设了日产 200t 淡水的电渗析海水淡化站，其中引入了两组 10 级一次连续循环设备，其总电耗为 16.5kW·h/t，明显低于船运水的价格，和日本同期水平基本接近，从而该岛不再需要通过轮船运输淡水[15]。

20 世纪 80 年代为严格控制饮水标准，在上述设备中安装了脱硼装置，在脱硼树脂的作用下大幅度降低了电出水中硼的浓度，处理后一般低于 0.5mg/L，基本上达到世界平均水平，且水质完全符合标准。此技术对优化我国电渗析海水淡化工艺起着重要推动作用，使我国在此领域进入世界领先国家行列。

电渗析技术的优势主要表现为操作方便、维护简单、分离组分选择性高、不需要进行复杂的预处理、原水回收率高等，同时对环境也不会产生明显的影响。20 世纪 80 年代初期电渗析技术已基本成熟，开始被广泛应用于海水淡化领域，在苦咸水脱盐与纯水制备方面表现出明显的性能优势，其后也开始被应用于化工废水脱盐等方面，相应的社会效益也达到了较高的水平。

2.2.2.1　电渗析技术原理

渗析技术就是基于半透膜分离不同的溶质粒子，电渗析（ED）与其相关，也就是通过电场力进行驱动，而使得溶液中带电的溶质粒子通过半透膜进行迁移。电渗析（ED）则是在电场力的作用下，基于离子交换膜的选择透过性能，而促使阴、阳离子定向迁移并透过这种膜，而实现分离电解质离子的目的。图 2-4 显示了电渗析的反应原理情况。

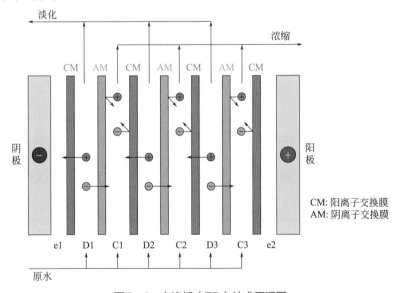

图2-4　电渗析（ED）技术原理图

电渗析器的结构相对简单，其中主要包括电极、阴阳离子交换膜、隔板等，其中的核心部分为离子交换膜，这种膜在运行过程中可基于选择透过性而有效地分离带电离子，其性能和电渗析脱盐的效果存在直接的关系。隔板位于阴阳膜之间，形成一系列隔室，溶液在其中流过，淡水流经的隔室为脱盐室，浓水流经的隔室为浓缩室。以下进行举例分析。在一定通电条件下淡水室中的钠离子被阻挡，其可通过负极移动进入浓水室，氯离子被阻挡后可向正极移动进入浓水室，在此影响作用下，浓水室中的氯化钠浓度不断提高，而附近隔室中的氯化钠浓度持续降低，这样就可以使氯化钠在浓水室浓缩（图2-5）。

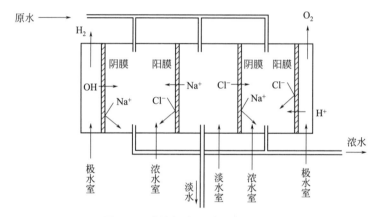

图2-5 电渗析（ED）设备原理图

2.2.2.2 电渗析基本过程

如图2-6所示，电渗析过程中，在一定电流作用下电解质溶液定向移动，阴阳离子分别向着相反方向移动，且在电极上发生反应。在电渗析过程中这种迁移有重要的意义，可通过反离子的迁移而进行浓缩处理。在离子透过膜而定向迁移的过程中，需要进行电极反应。为更好地满足渗析和浓缩要求，很有必要研究电极材料的性能影响因素，同时消除电极反应物。在实际的电渗析过程中，会产生复杂的反应，如定向迁移和电极反应，也会出现同名离子迁移和渗析、渗透等相关的反应。在此期间最主要的一个过程为反离子迁移，其余的过程都会对除盐或浓缩的效果产生不良影响，或者使能耗增加。因而为满足性能要求，需要选择理想的离子交换膜，同时对相关的工艺参数进行优化处理，对其他次要过程进行适当的抑制。

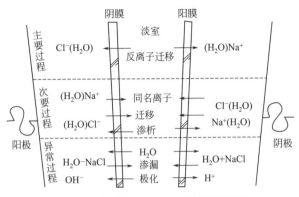

图2-6 电渗析（ED）反应过程原理图

2.2.2.3 电渗析技术的优缺点

电渗析技术主要有以下几个优点：

① 运行时的能量消耗低，进行电渗析处理时，电能主要用于移动带电离子，而水不必进行相变，这样耗电量单纯和含盐量存在相关性。

② 相应的设备结构紧凑，占地面积小，运行和管理方便，成本低。

③ 膜的寿命比较长，经济效益得以提高[16]。在电渗析期间，在电离作用下会产生氢氧根离子。这些离子可与 Ca^{2+}、Mg^{2+} 结合而形成沉淀，不过在实际应用中，可基于倒极电渗析（EDR）而处理此类问题。这也为电渗析技术的进一步应用打下了良好的基础。在不存在渗透压情况下，这种方法处理后的浓溶液浓度较高，离子交换膜可使用更长的时间，也为维护提供了便利。

④ 电渗析技术的环境危害小。使用反渗透（RO）法处理污水时，需要先进行一定的预处理，需要加入絮凝剂、阻垢剂等相关的药剂而导致浓水中有害物过多，不能直接进行排放。电渗析处理过程中单纯地在清洗膜过程中，加入少量的酸溶液即可满足要求，不需要加入其他药剂。

电渗析技术在实际应用时也有明显的缺点，包括：

① 只能除去水中带电离子，其余的不带电物质无法有效地去除[16]。膜在接触铁离子、锰离子等离子后会中毒而导致使用寿命缩短。

② 当溶液浓度较高时，需要耗费大量的电能。如在电渗析浓缩海水制盐过程中，处理成本高于盐田法或反渗透膜法，因而也存在局限性。只有在浓溶液和稀溶液的浓度适中时，才可满足经济性能要求。这些问题对电渗析法浓缩制盐技术的进一步发展与应用产生了明显的制约。

2.2.2.4 电渗析技术的应用

电渗析（ED）技术起初应用于海水淡化、海水浓缩制取食盐以及相关的需要高纯水的工业领域，如电子行业，其后也开始应用于废水处理及水的循环利用等方面。

在废水处理领域，电渗析应用的类型主要包括：一种是由阳膜和阴膜交替而形成的，可通过其单纯对污染物离子进行分离，或者分离处理废水中不同类型的污染物，为其后的处理提供支持；另一种是由复合膜与阳膜进行处理，在应用过程中通过复合膜和极室中的电极反应而得到氢离子和氢氧根离子，并据此获得各类型的酸和碱。

电渗析法在废水处理领域的具体应用包括：

① 处理碱法造纸废液，进行一些有用物质的回收；

② 分离和浓缩金属离子，适当的处理后回收其中可利用物质；

③ 分离放射性元素；

④ 制取酸液和碱液；

⑤ 对酸洗废液进行处理而获得硫酸等；

⑥ 对电镀废水进行处理，而回收其中的重要金属，如废水中的铜离子、镍离子等都可以处理回收。如从镀镍废液中回收镍的技术已经很成熟，目前已经被广泛应用，且取得了很好的效果。

2.2.3 电去离子技术

电去离子（EDI）技术在纯水制造领域有广泛的应用，其结合了离子电迁移技术和离子交换技术等，具有多方面的优势。在处理过程中可基于两端电极形成高压电场，驱使水中带电离子移动，同时应用离子交换树脂来促使离子移动去除，在此基础上进行水的纯化。EDI技术融合了电渗析技术和离子交换技术，在实际处理过程中主要是基于离子膜及离子交换树脂的选择透过作用和交换作用，而促使水中离子的定向迁移，在此基础上实现水的净化，且满足高效除盐的要求。在处理过程中产生的氢离子和氢氧根离子可再生装填树脂。EDI进行除盐时，在一定电场作用下，离子可基于离子交换膜被清除。水分子则分离形成氢离子和氢氧根离子，而实现再生目的，从而确保离子交换树脂一直性能最优，更好地满足应用要求。EDI的工作原理如下。

自来水中的杂质如钠、钙、镁、氯等，这些为常见的溶解盐的主要成分，在溶液中其以离子的形式存在，可通过渗透而除去其中大部分的离子。自来水也有一定量的微量金属离子、气体和一些弱离子化的化合物，也需要去除。

EDI 进水一般电导率为 40～60μS/cm，可根据实际的应用要求进行适当的调节，比如超纯水的电阻率可降低到 2～18MΩ·cm。

在模组的纯化学室进行交换反应，在其中相应的阴离子树脂可基于自身的离子来交换溶解盐中的阴离子，而阳离子交换树脂也可以同样地对阳离子进行交换处理，EDI 的进水指标如表 2-3 所示。

表2-3　EDI的进水指标

项目	具体指标	项目	具体指标
$\rho(TEA)/(mg/L)$	≤25	$\rho(TOC)/(mg/L)$	≤0.5
pH 值	6～9	$\rho(Cl^-)/(mg/L)$	≤0.05
硬度 /(mg/L)	≤2	$\rho(CO_2)/(mg/L)$	≤5
$\rho(硅_{可溶})/(mg/L)$	≤0.5	$\rho(油)/(mg/L)$	0
温度 /℃	5～40	$\rho(Fe)/(mg/L)$	≤0.01

在具体水处理过程中，需要在模组阴阳极两端设置一个直流电场。在电场的作用下，膜上的离子沿着树脂粒的表面进入浓水室。负电离子被阳极吸引而进入相邻的浓水流并被膜阻隔，从而保留在浓水流中。阴极吸引纯水流中的阳离子，主要如氢离子和钠离子。这些离子通过膜之后进入相邻的浓水流，被阻隔后会保留在浓水流中。当水流过这两种平行的室时，纯水室将离子去除，其后离子聚集在浓水流中，并由浓水流带走。在这种技术处理过程中，其中的重点为纯水及浓水中离子交换树脂的使用。在纯水室的离子交换树脂中发生大量的离子交换反应。在电势差高的局部区域，水被电化学分解后会产生很多的氢离子和氢氧根离子。在混床离子交换树脂中，这两种离子可不断地生成而进行树脂和膜的再生，从而降低了维护成本[17]，原理如图 2-7 所示。

根据实际的应用和检测结果，EDI 设施的除盐率可高达 99% 以上。若在 EDI 处理前，通过反渗透技术来初步除盐，就可以获得电阻率很高的超纯水，更好地满足应用要求。EDI 与 RO 设备结合原理示意图如图 2-8 所示。

EDI 膜堆由一定对数单元组成，被夹在两个电极之间。在每个单元内布置了两种不同的室，即淡水室与浓水室，淡水室功能为待除盐，需要用均匀的阴、阳离子交换树脂填满，这些树脂需要置于两个膜之间，阴、阳离子交换膜分别只允许阴、阳离子通过。浓水室功能主要是收集所去除的杂质离子。

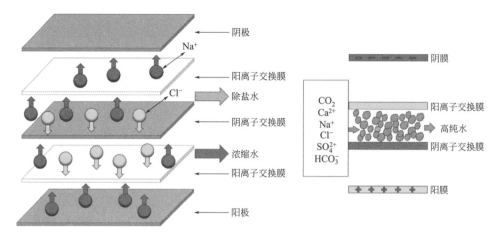

图2-7 EDI连续除盐技术原理示意图

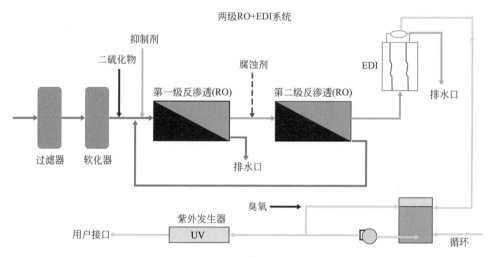

图2-8 EDI与RO设备结合原理示意图

　　树脂床主要借助于室两端持续给予的直流电来实现不间断再生，在电压的作用下，水分子会分解成氢离子和氢氧离子，而这些离子会受到对应电极的吸引，穿过相应交换树脂移动到相应膜，当这些离子穿过对应交换膜进入浓水室后，氢离子和氢氧根离子又能够重新结合变成水。氢离子和氢氧根离子的电解生成以及迁移循环就是树脂持续生产的相应机制。

　　进水中所含有的氯离子、钠离子等杂质离子，被吸附到对应离子交换树脂之后，这些离子就会产生相应的离子交换反应，并相应地置换出氢离子和氢氧根离子。若是这些杂质离子也朝着对应交换膜方向迁移，那么它们就会持续穿过相应树脂以及交换膜，进而抵达浓水室。不过在相邻隔室交换膜的制约下，这些杂质离子并不能朝着相应电极的方向继续迁移，只能集中到相应的浓水室之内，最后就可以将这些含有杂质离子的浓水统一排出膜堆[18]。

在过去数十年来，纯水制备需要耗用大量的酸碱原料，而且这些原料在生产、运输与应用时都会对环境带来不同程度的负面影响，甚至会对人体健康带来危害，产生更多的维修成本等。而反渗透（RO）技术的应用使得酸碱用量显著下降，但仍然会残留弱电解离子。反渗透（RO）技术和电去离子（EDI）技术的广泛使用，给纯水制备产业带来了重要的革新。图2-9为实际纯水制备应用中的EDI设备系统图。

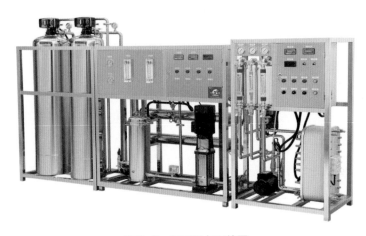

图2-9　EDI设备系统图

要使EDI系统处于最佳工作状态、不出故障的基本要求就是对EDI进水进行适当的预处理。进水中的杂质对去离子模组有很大影响，并可能导致模组的寿命缩短。

EDI系统特点：

① 产水水质高而稳定；

② 可连续不间断制水；

③ 无需化学药剂再生；

④ 设备结构紧凑、占地面积小；

⑤ 操作简单、安全；

⑥ 运行费用及维修成本低；

⑦ 全自动运行，无需专人看护。

纯水处理技术的发展主要经历了阴、阳离子交换器＋混合离子交换器，反渗透＋混合离子交换器，反渗透＋电去离子装置等阶段。"预处理＋反渗透＋连续电去离子"整套除盐系统，有着显著的优点，正被广泛应用于纯水、高纯水的制备中。

具体应用领域包括：

① 电厂纯水的制备；

② 电子、半导体、精密机械行业超纯水；

③ 制药、化工工艺用水；

④ 食品、饮料、饮用水的制备；

⑤ 海水、苦咸水的淡化；

⑥ 其他行业所需的高纯水制备。

2.3
污水处理

污水处理是清除废水中的污染物的过程，它包括物理、化学和生物处理过程。

2.3.1 物理处理过程

借助于机械等物理方式对污水进行处理就是物理法污水处理，其中主要处理手段包括沉淀、过滤、上浮、离心分离等。借助于重力原理使得废水中的悬浮物与水体进行分离，就是重力分离法，它可以对悬浮颗粒进行去除进而实现水质的净化，具体又可以进一步细分成上浮法与沉降法。若是悬浮颗粒密度低于废水，就会上浮，相反就会下沉。对上浮或者下沉的速度带来影响的因素则涉及粒径大小、液体温度、密度、黏滞度等。目前物理处理法使用较为广泛，也是应用历史最为悠久的方法。借助于过滤筛进行截留，就是借助于微小孔径的滤层来对废水中悬浮颗粒进行截留，常用装置包括格栅、筛网等，前者可以对较大的固体悬浮物进行截留，后者则能对废水中小粒径的悬浮物进行截留。此外还有砂滤装置，它能对细微的悬浮物进行相应的截留。将装有污水的容器高速旋转，然后通过离心力的作用将悬浮颗粒进行去除，这就是离心处理技术。按照离心力生成模式，可以将其细分成离心机、水旋分离器两种。在旋转效应下，悬浮颗粒有着较大的质量，为此所受到的离心力就会更大，于是就会被甩出，而废水则继续留在内侧，这样就能通过不同的出口将悬浮颗粒进行去除。利用磁场中磁化基质的感应磁场或者高梯度磁场所生成的磁力，将污水中的悬浮物进行分离或者提取，就是高梯度磁分离法。这就需要相应的磁分离装置，其可以细分成永磁与电磁两种分离装置，而且每一种又可以进一步细分成间歇式与连续式两种。对于高梯度磁分离技术而言，可以对废水中的磁性物质进行处理，有着较为简单的工艺，相应的效率较高，成本较低。

2.3.2　化学处理过程

借助于化学作用来对废水中呈溶解、胶体态的污染物进行去除，或者将其转换成无害物质的方法，就是化学处理法。一般通过投放药剂来进行处理，主要包括混凝、氧化还原与中和等，基于传质作用所涉及的处理技术则包括离子交换、萃取等。利用化学反应，将污水中所含有的相关有害污染物的物理与化学性质进行转换，使之从溶解、胶体态转换成沉淀与漂浮态，或者从之前的固态转换成气态，从而将水体中的污染物进行相应的去除。当前，有关化学处理法主要涉及中和、混凝、沉淀、氧化、萃取等处理法，为了同时处理更多的污染物，往往需要将诸多方法进行组合。譬如处理流量较小且浓度较低的含酚废水，就可以引入混凝与氧化处理法，前者可以对悬浮颗粒进行去除，后者则能对酚污染物进行去除。对于化学沉淀法而言，很早就已经得到应用，这种方式相较于自然沉淀效果更好，可以对大部分的悬浮颗粒进行去除，对 BOD 的去除率也能够超过85%。这种处理工艺的局限性体现在用药成本较高，而且还会生成很难被脱水的污泥，所以这种技术的使用也受到了较多的制约。

化学处理法还能有效去除水中所存在着的高毒、剧毒类的污染物，譬如使用硫化物与中和沉淀法、化学吸附法、电解法等，就能对污水中的重金属如汞、锌、铬等进行回收，借助于化学氧化法来对氰化物与酚等进行相应的破坏。使用强氧化剂的化学氧化法可以对 ABS 这种合成洗涤剂进行分解，并能分解带发色基团的化合物而去除其色度。借助于中和法，可以使得碱性与酸性废水恢复中性。

相对于生物法而言，化学法在处理污染物方面的速度更快，特别是某些生物法难以处理的污染物，通过化学法也能对其进行相应的处理。另外，这种方法也更容易控制与检测，并能将原本有害的物质进行回收。

① 而废水气液交换处理技术，则是向废水中送入氧气或者其他具有氧化作

用的气体，由此对废水中相关化合物进行氧化，譬如其中的有机物，使得那些溶解于水的污染物被转换成气体，进而对水质进行净化。对气液交换带来影响的因素主要包括：交换装置、废水属性、pH 值、气液接触面积与模式等。借助于臭氧来对废水进行消毒与净化的方法，就是臭氧化处理法。在废水中导入低浓度臭氧，因其稳定性较差，使用时需要在现场制备并使用，相关设备包括臭氧发生器与气水接触装置。臭氧法可用于水的消毒、水的脱色，去除水体中氰、酚等有害物质，其优点是整个反应快速、流程简单、不会出现二次污染、有广泛的应用前景。

② 借助于电解原理，让有害物在电解作用下转换成无害物的方法就是废水电解处理法。该方法涵盖了电极表面电化学作用、间接氧化和间接还原、电絮凝等诸多过程，可以借助不同作用来对废水中的有害物进行去除。

以下以含氰废水作为案例，它的阳极表面电化学氧化过程为：

$$CN^- + 2OH^- - 2e^- \longrightarrow CNO^- + H_2O, \quad 2CNO^- + 4OH^- - 6e^- \longrightarrow 2CO_2\uparrow + N_2\uparrow + 2H_2O \quad (2\text{-}4)$$

这种技术优势体现在：a. 可使用低压直流电，无需使用很多药剂；b. 可以在常温常压下进行处理；c. 结合污水浓度可以对电压或者电流进行动态调整，确保相应处理效果；d. 相关处理设备所占空间较小。而这种工艺在处理较多废水时，往往需要耗用较多的电能，同时也会对电极金属带来较大的损耗，运行成本较高。另外，分离出来的沉淀污泥很难二次利用。电解法主要在含氰、含铬废水中得到应用。

③ 在废水中投入可溶性化学药剂，使之能够与无机污染离子进行反应，进而生成不溶于水或难溶于水的沉淀物，这就是化学沉淀法，而投入的化学药剂为沉淀剂，主要为硫化物、石灰等。按照沉淀剂的差异，可以细分成：a. 氢氧化物沉淀法，亦可称作中和沉淀法，可以清除废水中的重金属离子；b. 硫化物沉淀法，可以对废水中的金属离子进行较好的处理，如汞离子与镉离子的处理；c. 钡盐沉淀法，主要是用于含铬废水的处理。目前，化学沉淀法在废水处理领域得到了广泛的应用，如水质软化和工业废水中的重金属去除。

④ 在废水中投入混凝剂，使得废水中的胶粒物质进行絮凝或者凝聚，从而实现对废水的净化，该方法就是废水混凝处理法，混凝是凝聚与絮凝的统称。凝聚主要是借助于电解质的投放，使胶粒电动势降低或消除，进而使得胶体稳定性下降，进而产生凝聚作用。而絮凝则是为高分子物质的吸附提供支持，使相关胶体颗粒进行聚集。目前混凝剂包括：a. 无机盐类，譬如铝盐、铁盐等，包括硫酸

铝、硫酸亚铁等；b. 高分子聚合物，如聚丙烯酰胺、聚合氯化铝等。在具体处理时，可以在废水中加入相应的混凝剂，然后对胶体颗粒间的排斥力进行消除或者降低，使相应颗粒更容易碰撞而形成更大的絮凝体，从而将其与水进行分离。影响混凝的因素主要有 pH 值、水温、混凝剂投入量等。

⑤ 借助于强氧化剂来对废水中的污染物进行处理，就是氧化处理法。这种氧化剂可以将废水中的有机物进行分解，使之形成无机物，或者是将溶解水中的污染物进行氧化，使之形成不溶于水的物质，进而对其进行分离。目前主流的氧化剂包括：a. 氯类，如液态氯、二氧化氯、次氯酸钙等；b. 氧类，如臭氧、氧气等。在筛选氧化剂时，需要明确相应污染物能够被其氧化，而且相应生成物具有安全性，或者是容易被分离，同时还有着较低的成本，且相关材料容易获取，在常温下就能进行快速反应，无需对污水 pH 值进行大的调节。目前，此方法已应用于较难处理的工业废水中，尤其是对废水中难以被生物降解的有机物、氰化物与酚等，具有良好的处理效果。

⑥ 借助于中和作用来对废水进行处理，使之实现净化的方法就是中和处理法。具体的实现机制为：让酸性废水中的氢离子与氢氧离子形成相互作用，进而使之形成水分子，同时再产生难溶于水的盐类，这样就能对这些有害物进行较好的消除。相关反应需要满足当量定律。采用此方法可以对酸性与碱性废水进行回收利用，并能对相应废水的 pH 值进行调整。

2.3.3　生物处理过程

借助于微生物的新陈代谢作用，使污水中的胶体或者被溶解的有机废弃物被降解，进而形成相应的无害物，使得污水得到相应的净化，这就是生物法。这种方法在污水处理领域得到了广泛的应用，处理效果明显。相对于传统生物法而言，新型生物处理技术有着更优的效果。传统技术主要涉及厌氧生物处理法与活性污泥法等，可以对大多数有机物进行去除，整体操作较简单、稳定性较高。而新型技术还进一步涉及生物修复法、固定化微生物处理技术等，优势突出，如生物修复法，在处理污水的同时还不会对环境造成二次污染，同时有着更快的修复速度。在各种污水处理技术中，固定化微生物处理技术有着较好的固液分离效果，而且对污水的处理效率也更高。若在实际工程应用中，将传统生物技术和新型技术相结合，可在污水处理领域发挥更好的效果。

① 当前活性污泥法在城镇污水二级处理工艺中得到了颇为广泛的应用，日

处理能力可以达到几十万立方米。基于这种工艺的方法还涉及序批式活性污泥法（SBR）、氧化沟法等。活性污泥法就是将空气持续导入至曝气池污水内，好氧微生物通过一段时间的新陈代谢，就会形成活性污泥。这种污泥有着极大的比表面积，能够对污水中的有机物进行吸附。与此同时这些微生物主要以有机物作为食物，并能够不断生长，进而能够持续清除有机物，对污水进行净化。由曝气池流出的相应液体，经沉淀分离，水被净化排放，而分离的污泥又可以用作种泥，重新回收到曝气池中重复使用。

② 让相关污水持续地流经填料或者相关载体，譬如塑料蜂窝等，在相应填料之上构成膜状生物污泥，就是生物膜法。这些膜体之上繁殖着极为丰富的微生物，它们能够产生与活性污泥类似的净水功能，能够对有机物质进行吸附与降解。当这些生物膜老化之后就会从填料上剥落，随着污水进入到沉淀池，进而被净化。目前，生物膜法可以支持多种处理工艺，如生物滤池、生物流化床等。

③ 借助于专性或者兼性厌氧菌，在无氧环境中对有机污染物进行降解，就是厌氧生物处理法，它能对高浓度有机废水进行处理。一般需要与消化池进行配合应用，还需进一步引入厌氧滤池、流化床、转盘等装置进行应用。这种污水处理工艺有着较低的能耗，而且所生成的污泥量较少。其中上流式厌氧污泥床在高浓度的有机工业废水处理中获得了广泛的应用，污泥处理主要采用中温两级消化工艺。

④ 利用自然条件下生长繁殖的微生物对污水进行处理，形成由水体、植物、微生物所组成的生态系统，开展一系列的净化，如生物、化学与物理相结合的净化，就是自然生物处理法。使得相应生态系统可以对污水中相应营养物进行充分利用，不仅有助于绿色植物成长，还有助于相应污水的处理。这种方法较为简单，而且使用成本较低，有着较高的效率，是一种符合生态原理的污水处理方式；但容易受自然条件影响，占地较大。自然生物处理法主要有稳定塘、湿地、土地处理系统及上述工艺的组合系统。稳定塘利用塘水中自然生长的微生物（好氧、兼性和厌氧）分解废水中的有机物，利用在塘中生长的藻类的光合作用和大气复氧作用向塘中供氧，其生化过程与自然水体净化过程相似。稳定塘按微生物反应类型分为好氧塘、兼性塘、厌氧塘、曝气塘等。土地处理是以土地净化为核心，利用土壤的过滤截留、吸附、化学反应和沉淀及微生物的分解作用处理污水中的污染物。农作物可充分利用污水中的水分和营养物。污水灌溉是一种土地处理方式。

2.4

海水淡化

将海水中的盐分与各种矿物质进行去除的工艺就是海水淡化技术。海水淡化技术的问世，让全球在过去 50 多年里成功多养活 1 亿多的人口，使得发达国家沿海地区的经济取得了极大发展，同时也一定程度上缓解了沙漠的扩大化。海水中因含有大量的盐分，不能直接被应用。对海水进行淡化的方法主要有蒸馏法与反渗透（RO）法。蒸馏法大多应用在热能较为丰富的地区，或者有着极大处理规模的领域。而 RO 法的应用则更为广泛，同时还具有较高的脱盐率。对于 RO 法，首先要将海水进行提取，并加以预处理，使之浑浊度降低，防范藻类与细菌等相关生物的迅速生长，接着使用高压泵对其进行增压，使之透过反渗透膜。海水有着较高的盐度，为此需要使得该膜体有着较高的脱盐水平，同时还需要具有抗腐蚀、耐高压等特性。经过 RO 膜体的处理之后，海水含盐度开始显著下降，TDS 从 36g/L 降低到 0.2g/L。这种淡化处理之后的水质甚至要好于自来水，可以直接作为工农业生产、居民生活用水。当前海水淡化技术已经超过 20 多种，其中就涉及反渗透法、多级闪蒸法、电渗析法等，以及借助于太阳能、潮汐能以及核能来对海水进行相应的淡化处理。另外，还涉及各种预处理、后处理等工艺，如微滤、纳滤等。

海水淡化技术若是从大的角度来进行分类，则包括了蒸馏法与膜法两种。其中多效蒸发（MED）法、多级闪蒸（MSF）法及反渗透（RO）法是当前主要的技术。对于 MED 法，其对海水的预处理有着较低要求，而且具有节能性、较高的淡水品质等。对于 RO 法，其对海水预处理有着较高要求，优势体现在能耗与投资较低。对于 MSF 法，其在技术方面较成熟，有着较大的产量，但能耗整体偏高。目前 RO 法是今后的主流发展方向。

在海水三相点是使海水汽、液、固三相共存并达到平衡的一个特殊点。若是压力或者温度偏离该三相点，相应平衡被破坏，那么三相就会自动转成一相或者两相。冷冻海水淡化法就是借助于该三相点实现机制，以水体自身作制冷剂，使海水同时结冰与蒸发，然后再对冰晶进行相应分离与洗涤，从而对海水进行低成本淡化。相对于上述几种方法而言，这种新型方法有着较低的能耗，而且结垢水平更低，所涉投资规模较小，并能对含盐量较高的海水进行处理，有一定的发展前景。冷冻法的本质就是将海水进行结冰，在此过程中，相应的盐分开始被分离。但其也存在一定的局限性，如能耗较大、淡水品质不理想等。

冷冻法的实现机制为：将预冷海水进行脱气，然后在蒸发结晶器中将浓盐水与淡化水排出，而脱气后的预冷海水则会与浓盐水和淡化水产生相应的热交换，将其预冷到海水的冰点附近。这种方法中的脱气环节，海水存在着的不凝性气体在具体低压环境下可以全部释放，这样就不会在冷凝装置中进行冷凝。而这又会进一步增加系统压力，使得蒸发结晶器内的压力超过二相点压力，使得操作难以维系。故减压脱气法显然更加适合应用。影响冷冻法的关键因素是结冰速率与海水蒸发速率。在淡化工艺中，冰-盐水是典型的固液系统，借助于普通分离技术，就能使之分离，而采用的分离技术不同，所得到的冰晶含盐量也会有所差异。若是采用减压过滤法获得的冰晶，其含盐量相对于常压过滤法得到的冰晶含盐量更低。除了需要析出更多的冰晶之外，还需要产生更多的蒸汽，而且这些蒸汽需要快速被移出，否则会给海水的结晶与蒸发带来影响[19]。

2.4.1 反渗透技术

早在 20 世纪 50 年代，就已经开始了反渗透技术的研究。1953 年，膜分离淡化法开始使用，在只能让溶剂通过而溶质被过滤的半透膜的作用下，可以将海水与淡水分离。通常淡水会基于半透膜渗透到海水一侧，并使得后者液面高度增长，直至一定水平这种渗透才会停止。而海水一侧高出的水柱静压，就是渗透压。若是对海水一侧施加大于这个渗透压的外力，那么海水中的纯水就会反渗透到淡水中。这种工艺的优势就是节能，它的能耗仅仅约是蒸馏法的 3%、电渗析法的 50%。1960 年，美国加州大学的科研人员成功开发出醋酸纤维素膜，1974年之后，美、日等国家开始将海水淡化的发展重点转向反渗透法。20 世纪 80 年代，芳香聚酰胺复合型卷式膜成功问世；到了 90 年代，反渗透技术进一步得到高速发展。这种技术特点体现在：反渗透膜孔径低至纳米级，相关杂质可以得到广泛去除，不仅能够对溶解的无机盐进行去除，同时还能对有机杂质进行过滤。这种工艺有着较高的产水量，而且在抗污染方面表现出色，不易形成二次污染，有着更好的经济性。此外，聚酰胺材质的反渗透膜表面存在着相应的酰胺基团，这使得膜体有着更高的亲水性，也有着更高的机械稳定性，同时相应的水解与热稳定性都整体较佳。反渗透技术主要应用于海水淡化，随后进一步扩展到纯水制备、食品加工等诸多领域，并获得了更好的经济效益。反渗透海水淡化技术已取得了更快的发展，同时运行成本也在持续下降，今后的发展趋势就是进一步降低反渗透膜的操作压力，提高反渗透系统回收率，增强系统的抗污染能力等。反渗透技术原理参考 2.2.1。

2.4.2 多级闪蒸技术

借助于太阳能进行蒸馏,实现海水淡化,就是太阳能蒸馏技术。实际上这种技术应用较早,相关装置为太阳能蒸馏器,一个典型的装置就是盘式太阳能蒸馏装置,它的应用至今已经超过150年,其整体结构较简单,而且相应的取材也较方便,已得到广泛的应用。对该蒸馏装置的研究大多集中在材料遴选、不同热性能的改善以及相关太阳能集热装置层面。相对于传统热源而言,太阳能更具有环保性与安全性,将太阳能采集与脱盐工艺进行融合,无疑是一种极具可持续发展的海水淡化技术。这种技术不会产生污染,且相关能源也取之不尽,制备出来的淡水品质也整体较高,因此得到广泛关注。这种方法就是借助于相应的蒸馏装置,其中的构成为水槽,并配置了黑色多孔的毡芯浮洞,在其上则配置封闭的玻璃层。当太阳光照射该黑色绝热槽底之后就会转换为热能,这样塑料芯中的水面温度就会升高,水从毡芯中蒸发,然后通过覆盖层的冷却,进而冷凝成淡水,于是就能进入到不透明的蒸馏槽体之中。

海水在一定温度之下,其压力突然下降使得部分海水迅速蒸发的现象就是闪蒸。多级闪蒸(MSF),就是将加热后的海水,依次在多个压力逐渐降低的闪蒸室内进行蒸发,将蒸汽冷凝,由此获得相应的淡水。多级闪蒸技术能够获得更大的淡水产量,相关的技术也较为成熟,运行也更具有安全性,通常与火电站进行联合应用,大多应用于超大规模的淡化设备体系中,中东的海湾国家大多就使用这种技术[20]。

如图2-10所示,多级闪蒸是将海水加热到一定温度后,引入到一个闪蒸室,

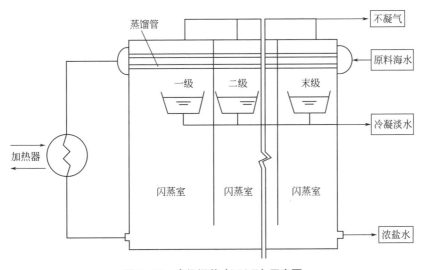

图2-10 多级闪蒸(MSF)示意图

其室内的压力低于海水所对应的饱和蒸汽压，部分海水迅速汽化，冷凝后即为所需淡水；另一部分海水温度降低，流入另一个压力较低的闪蒸室，又重复蒸发和降温的过程。将多个闪蒸室串联起来，室内压力逐级降低，海水逐级降温，连续产出淡化水。多级闪蒸具有可靠性高、防垢性能好、易于大型化等优点。另外这种工艺所对应的单机容量可以达到最大，在超大型、大型淡化装置中得到广泛使用。这种闪蒸技术较为可靠，其具有一定的成熟度，从今后的发展方向来看，主要是进一步提升单机淡化能力，同时还需要降低单位电力消耗、提升传热效率等。多级闪蒸主要与火电站进行联合应用，将汽轮机低压抽汽作为重要热源，由此来实现水电同时生产。

当然，这种闪蒸技术本身亦有相应的局限性，譬如有着较大的动力消耗、较低的传热效率、较小的设备操作弹性等。近年来多级闪蒸技术在工艺改进、混合技术运用（与 RO 的结合使用等）及热效率提高等方面都有了长足的进步，仍然是目前最成熟可靠的海水淡化技术。现有海水淡化技术都能够满足淡化要求，同时生成的淡化水经深度处理后也能满足饮用需求。对于实际应用，需要结合具体项目与相应条件，如气候、海水性质、能源成本、安全性等要求来遴选合适的技术。对于多级闪蒸技术而言，其不仅可以在海水淡化中得到应用，同时也应用于相应火电厂锅炉的供水以及矿井苦咸水的回收、造纸等污染液的处理等领域。

2.4.3 多效蒸发技术

海水最高蒸发温度不超过 70℃ 的淡化技术，就是低温多效蒸发（MED）技术。其特点为：①将诸多水平管喷淋降膜蒸发装置进行串联，然后使用一定量的蒸汽进行输入，后效温度要比前效低；②借助于多次蒸发与冷凝，获得的淡水要远大于蒸汽量。这种蒸馏技术的实现基础就是闪蒸，它借助于火电厂中的蒸汽轮机所提供的低温饱和蒸汽，或者使用温度更低的这类蒸汽，对其进行压缩，使之压力得到提升并达到 0.02～0.04MPa，然后将其作为热源来对海水进行蒸馏，进而得到相应的淡水。

对图 2-11 进行分析，MED 工艺就是将加热之后的海水通过多个串联的蒸发装置进行蒸发，前者蒸汽可以用作后续的热源，进而冷凝成相应淡水。这种工艺是当前较节能的一种蒸馏方法。随着此工艺的快速发展，相关的设备规模也在不断增大，制成淡水的成本也就随之下降。从今后的发展方向来看主要为：提升单机淡化海水能力，提升首效温度与传热效率，进一步增加操作温度等。采用该工

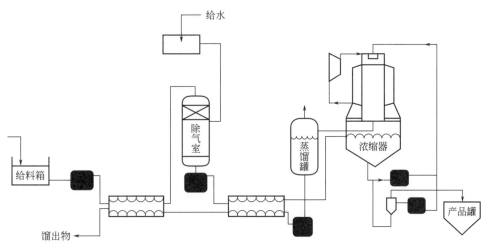

图2-11 多效蒸发示意图

艺所需装置包括：供汽系统、布水系统、蒸发器、淡水箱与浓水箱等。通常供汽系统中的生成蒸汽入口需要配置于中间效蒸发装置之上。具体工作方法：①布水系统需要对海水进行喷淋处理；②将蒸汽转入到中间效蒸发装置管内；③在蒸发管内蒸汽将会冷凝，进而传出相应热量，而管外则会对热量进行吸收，进而形成蒸汽；④新蒸汽转入到两侧蒸发管，进而形成热量吸收与蒸发；⑤不同效蒸发装置开始冷凝与蒸发；⑥得到的蒸馏水统一汇集至淡水箱，而浓盐水则统一汇集至浓水箱。

海水淡化、苦咸水脱盐都涉及预处理环节，若该环节没有做好，会对淡化系统的长期稳定运行带来直接影响。在对预处理方案进行制订时，需要综合以下要素：细菌、微生物与藻类等。这些生物若是得不到及时处理，将会给相关的基础设施带来极大的负面影响，甚至会对管道、设备的正常运行带来不利影响。此外，周期性的潮汐会让海水产生大量的泥沙，这样海水的浑浊度就会显著增加，很容易导致预处理系统不能正常运转。此外，海水原本有着较大的腐蚀性，这对相关阀门、设备材质带来相应要求，需要其具有较高的耐腐性。

2.4.4 机械式蒸汽再压缩技术

机械式蒸汽再压缩技术，即MVR（mechanical vapor recompression）技术，就是借助于蒸发系统所产生的二次蒸汽及其相应能量，将低品位蒸汽进行机械压缩，由此使之成为高品位蒸汽热源，进而为蒸发系统提供相应的热能，这样就能

降低外部能源的耗用。MVR 技术属于典型的节能蒸发技术。

MVR 技术能够对蒸汽进行浓缩，相对于传统蒸发工艺，节能效果更为显著，在化工废水治理、精馏乏气等领域得到深入应用。典型的 MVR 装置工艺如图 2-12 所示。基于该技术的蒸发装置有着自身独特的结构与工艺，以下对其进行分析。

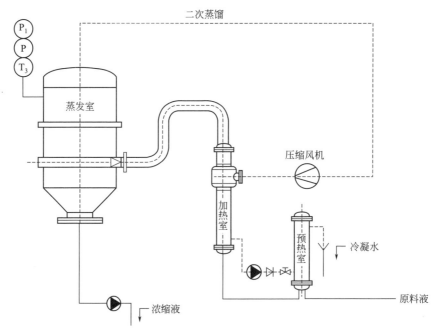

图 2-12　典型的 MVR 装置工艺

（1）MVR 膜式蒸发器

相关物料通过预热装置进行处理之后，直接通过换热器管箱进入，随后沿着该管内壁形成较为均匀的液体膜，而此膜在流动中会被壳程的加热蒸汽加热，边向下流动边沸腾并进行蒸发。在物料中，浓缩液会倒入至管箱，二次蒸汽在成功进入到相应的气液分离装置之后，该装置中二次蒸汽所含有的液体飞沫将会被去除，于是纯净的二次蒸发就会基于分离装置转入到压缩装置。后者将其压缩后就能将其视作加热蒸汽转移到换热装置中，并将其用作蒸发装置热源，这样就能进行连续的蒸发。

（2）MVR 强制循环蒸发器

MVR 蒸发装置主要由强制循环泵、分离装置与换热装置构成。物料在相应换热装置内部的换热管内被管外的蒸汽加热，温度上升。随后在循环泵作用下，物料就会上升到分离装置中。随后蒸发会形成二次蒸汽，并从物料中溢出。另外物料因为浓缩进而形成过饱和现象，使得结晶开始生长，在对物料过饱和进行消除后使之通过强制循环泵，使之进入到换热器，这样该物料就会不断蒸发与结晶。接着在晶蒸分离装置中，将二次蒸汽进行处理，使之净化后转移到压缩装置，随后再将其转移至换热装置中，从而将其循环蒸发。

（3）MVR板式蒸发器

MVR蒸发装置主要由物料泵、分离装置与板式换热装置构成。相应物料在分离装置作用下，使之均匀地置于板式蒸发装置板片组之内，对其中可能存在的干壁现象给予保障。该蒸发装置可以制作成降膜、升膜以及强制循环等诸多形式。而蒸发分离装置中的二次蒸汽需要被净化，随后被压缩机处理，然后再将其作为加热蒸汽，于是就能实现热能的循环蒸发。

2.5
MVR海水淡化技术的比较优势

对于MVR技术而言，可以将相应的压缩功转换成相应的饱和蒸汽内能，使海水温度升高转换成饱和蒸汽，接着将高温高压蒸汽当作热源，使得相应物料进行一定的蒸发，当蒸汽冷凝成水后，就能实现淡水制备[21]。MVR蒸发装置所蒸发的二次蒸汽依然有着丰富的热能，为了对其进行利用，可以借助于压缩装置对其进行做功，此时只需要很少的机械能就能使之增热。而从热力学角度来分析，MVR相较于多级闪蒸、多效蒸发而言，应用了压缩工艺，使得热焓显著提高，并将其用作系统热源，也就是压缩机为整个系统提供了相应能源。而后两种直接借助于生蒸汽来用作热源。在其他能耗、设备都一致时，MVR技术的节能效果更为突出。从热力学角度来对这几种方法进行分析，当前低温多效蒸发与多级闪蒸的能耗，前者为10效，后者为10级，而浓缩倍数设定为1.4倍，沸点前者升高0.8℃，传热温差为3.5℃。MVR中的蒸汽压缩装置进出口温度差为5℃，而蒸汽多变指数设定为常数，用 n 表征，设为1.329。蒸发温度与蒸汽压缩机效率分别为70℃与80.0%，对应压缩比为1.238。根据以上条件可以将上述两种工艺的能耗通过电耗方式进行换算。当物料沸点上升值、浓缩倍数、单位时间内相应的蒸发水量一致时，MVR所对应的能耗要比上述两种小很多，而且这种新技术占地面积很小。所以，这种技术在海水淡化领域有着较大的应用空间。

2.5.1 基于MVR技术的海水淡化工艺

海水中溶解了大量的无机盐与有机物，此外还有各种气体与悬浮物等，大多海水中的无机盐含量占比约为3.5%，与纯水相比，有着很大的性质差异[22]。海水所溶解的盐分越多，对应的渗透压就越大，相应的沸点也就越高，这样膜法的压力、热法的传热温差都会受到显著影响。膜法也会受到有机物含量的影响，因为后者会对前者带来污染，使前者的分离效应、使用年限都会受到不利影响。此外，我国海水当前的水质有着显著的动态性，地点不同，对应的水质也会有差异。氯化物含量在10g/L以上时，总固体溶解量在20g/L之上，相应的硫酸盐也会有着较高的含量，尤其是硼元素，虽然它占比不高，可是处理难度较高。特别是RO淡化工艺，硼元素含量易超标。若以MVR技术为基础，引入沉砂与混凝沉淀等预处理工艺，可采用这种新型MVR工艺为核心进行海水淡化。

2.5.2 工艺流程

新的MVR工艺流程整体简单，可以细分成三个阶段，即取海水、预处理与MVR蒸发。为了不受海水水质的影响，用水质最大值来进行考虑。因为海水中存在的胶体、悬浮物、溶解性气体等，为了防范海水处理设备存在的结垢问题，需要对其进行预处理，可采用常规沉砂与混凝沉淀预处理工艺。具体工艺为：

① 海水通过泵体转入到沉砂池，将海水中超过0.2mm的微砂粒进行沉淀去除，这样就能减少管道所受到的砂粒摩擦，也能解决堵塞问题。

② 将海水通过泵体转入到混凝沉淀池。可以使用氯化铁与混凝剂PAM来对海水进行处理，这些处理药剂可以产生较快的沉降效应，能对水体中的胶粒、悬浮物等进行快速去除，同时还能减小水体的硬度。通过预处理之后可以很好地满足MVR淡化要求。

③ 通过泵体将预处理后的海水转入到MVR蒸发装置，然后进行循环换热、蒸发和压缩，使之最终转换成相应淡水。另外，还可以借助于相应的回收系统，对淡水与浓水中的热量进行二次回收，使能源得到最大限度的利用。

2.5.3 工艺参数的选取

在蒸发温度上升之后，二次蒸汽温度也将会上升，相应的比体积则会减小。在单位处理量下，也即质量流量恒定时，相应体积流量就会显著减小。当温度增长 5℃，压比维持稳定，在温度增长之下，压缩机功耗将会呈现出线性下降之势。而其他相关设备的能耗基本一致。所以蒸发温度越高，其节能效果就越佳。

该温度对结垢也会带来一定的影响。在海水中通常含有微量硫酸根离子与钙离子，在盐水系统中，那些溶解度较小的盐分将会伴随着浓度与温度的动态变化，容易在管道中结垢。为此，MVR 技术需要对硫酸钙结垢问题进行抑制。这种物质不会溶解于酸性与碱性液体，能够与换热面产生牢固结合，一旦结垢就很难被清除。一些研究显示，利用 Aspen Plus 系统可以对水盐体系的溶解度模型进行模拟，得到的结果与文献给出的结果相近[23]。

2.5.4 处理水质

通过沉砂以及混凝沉淀预处理之后，海水的浊度与硬度降低近 1/5，色度也降低一半。此外，悬浮物、胶体等物质也被及时清除，并能对 COD 进行一定的去除，使得水体可以很好地满足 MVR 蒸发处理要求。通过 MVR 蒸发装置进行处理，最终水质色度能够被控制在 5 以下，相应的溶解性总固体控制在 10mg/L以下。另外，由于硫酸盐与氯化物的沸点要高出水体，所以出水中不存在这些物质，完全可以满足饮用水要求。

2.5.5 能耗对比分析

对上述技术进行对比，并从出水水质、蒸发温度、运行与维护成本等角度，以折合成标准吨水的方式来进行对比。RO 膜法海水淡化处理技术整体成本最低，但是水质很难满足饮用水标准，而且整体工艺较为复杂，膜需要频繁更换，同时不能进行二次利用，容易带来二次污染等。而三种热法在处理之后，出水都能满足饮用水要求。另外相应的工艺也较为简单，处理后的浓盐还能进行利用，但其处理成本更高。在这三种热法技术中，MVR 成本最低，与 RO 膜法相比，MVR的成本会稍高，而经 MVR 处理后的水质明显高于膜法处理。所以经全面分析，MVR 的综合优势较为突出。

2.5.6 技术分析与预测

对 RO 膜法淡化工艺进行分析后可以得知，若使水质提高从而达到饮用水的标准，就需要进行烦琐的预处理，同时膜体需要频繁更换，还会形成更多的新固废等。以 MVR 技术为基础的海水淡化工艺，对预处理的结果以及工艺流程进行了细致分析，确保出水水质可以满足饮用水的质量要求。另外，还对当前应用广泛的三种淡化技术进行了对比，分析了相应的单位成本与各自的优缺点，从中可

以看出 MVR 有着更高的性价比。从今后发展来看，将 RO 与 MVR 海水淡化技术结合将会有更大的发展空间，特别是与新能源如风力发电或太阳能光伏发电相结合，海水淡化技术将会有很好的发展前景。

参考文献

[1] Warsinger D M, Tow E W, Nayar K G, et al. Energy efficiency of batch and semi-batch（CCRO）reverse osmosis desalination[J]. Water Research, 2016, 106: 272-282.

[2] Cadotte J E. Interfacially synthesized reverse osmosis membrane: US 4277344[P]. 1981-07-07.

[3] Ferreira Filho S S. Water treatment: principles and design[J]. Engenharia Sanitaria e Ambiental, 2005, 10（3）: 184.

[4] Voigt E, Jaeger H, Knorr D. Securing Safe Water Supplies: comparison of applicable technologies[M]. Orlando: Academic Press, 2012.

[5] Lonsdale H K. Theory and practice of reverse osmosis and ultrafiltration[J]. Industrial processing with membranes, 1972: 141-145.

[6] Lonsdale H K, Merten U, Riley R L. Transport properties of cellulose acetate osmotic membranes[J]. Journal of Applied Polymer Science, 1965, 9（4）: 1341-1362.

[7] Lonsdale H K, Podall H E.Reverse Osmosis Membrane Research: Based on the Symposium on "Polymers for Desalination" Held at the 162nd National Meeting of the American Chemical Society in Washington, D.C., September 1971[M]. Germany: Springer Science & Business Media, 2012.

[8] Bhattacharya A, Ghosh P. Nanofiltration and reverse osmosis membranes: theory and application in separation of electrolytes[J]. Reviews in Chemical Engineering, 2004, 20（1-2）: 111-173.

[9] Mazid M A. Mechanisms of transport through reverse osmosis membranes[J]. Separation Science and Technology, 1984, 19（6-7）: 357-373.

[10] Matsuura T, Sourirajan S. Preferential sorption-capillary flow mechanism and surface force-pore flow model applicability to different membrane separation processes[C]//Proceedings of the conference on Advances in Reverse Osmosis and Ultrafiltration. Ottawa: National Research Council of Canada, 1989: 139-175.

[11] 陈希祥. 反渗透原理及其应用系统设计[J]. 铜业工程, 2010（4）: 75-77.

[12] Petersen R J. Composite reverse osmosis and nanofiltration membranes[J]. Journal of membrane science, 1993, 83（1）: 81-150.

[13] Greenlee L F, Lawler D F, Freeman B D, et al. Reverse osmosis desalination: water sources, technology, and today's challenges[J]. Water Research, 2009, 43（9）: 2317-2348.

[14] 徐铜文. 离子交换膜的重大国家需求和创新研究[J].膜科学与技术, 2008, 28（5）: 1-10.

[15] 马会霞. 盐水浓缩的电渗析工艺研究[D].大连: 大连理工大学, 2012.

[16] Strathmann H. Electrodialysis, a mature technology with a multitude of new applications[J].

Desalination.2010, 264（3）: 268-288.

[17] 房海阔, 魏洪军. 电去离子（EDI）技术在热电厂水处理中的应用[J].净水技术, 2002, 21（2）: 17-19.

[18] 龚承元, 刘斌, 王永烈, 等.电去离子技术促进我国药用水生产的发展[J].工业水处理, 2015, 23（10）: 76-78.

[19] 郑智颖, 李凤臣, 李倩, 等. 海水淡化技术应用研究及发展现状 [J]. 科学通报, 2016, 61（21）: 2344-2370.

[20] 朱玉兰. 海水淡化技术的研究进展[J].能源研究与信息, 2010, 26（2）: 72-77.

[21] 阮国岭. 海水淡化工程设计[M].北京:中国电力出版社, 2012.

[22] 刘鹏, 王永青. 单效蒸发机械压汽海水淡化系统热力性能分析[J].化学工程, 2012, 40（7）: 38-42.

[23] 宋瀚文, 刘静, 曾兴宇, 等. 我国海水淡化产能分布特征和出水水质 [J].膜科学与技术, 2015, 35（6）: 121-125.

第 **3** 章

光电净化技术

3.1
光化学反应

光化学是研究物质因受外来光照射而产生化学效应的一门学科。只有在光的作用下才可以进行的化学反应或由于化学反应产生的激发态粒子在返回到基态时放出光辐射的反应都可被称为光化学反应。光是一种电磁辐射，其中的紫外线、可见光和近红外线对光化学反应是有效的。

光化学虽然本质上属于化学的分支学科，但其与生命科学和环境科学等有着密切的关系。近年来，人们对由光的作用引起的化学反应日益重视，其中光合作用就是光化学反应的典型代表，光氧化还原也是一个重要的研究方向。

3.1.1　光合作用

地球上的一切生命活动都离不开太阳光的能量，光合作用是地球上最重要的化学反应之一，每年全球植物通过光合作用同化约 2.0×10^{11}t 碳素，合成约 5×10^{11}t 有机化合物，将 3.2×10^{21}J 的光能转化为化学能。实际上，光合作用作为地球上最大规模的将太阳能转变为化学能的能量转化过程，为各种生物体的生命活动提供物质和能量来源。同时，它也是规模最大的氧气释放过程，维持了大气中氧气含量的相对平衡。

光合作用是指绿色植物利用光能，把二氧化碳和水转化为有机物，同时释放氧气的化学过程[1]。

18 世纪以前，人类普遍认为植物是从土壤中获取生长所必需的元素的。1771 年，英国牧师 Priestley 发现，在密封的空间内放入植物枝条和正在燃烧的蜡烛，火源不容易熄灭；而在放入小鼠与绿色植物的密闭空间内，也不易使小鼠窒息死亡。因此，他提出植物能"净化"被蜡烛和小鼠"弄坏"的空气。1779 年，荷兰人 J. Ingenhousz 在 Priestley 研究的基础上进行了多次实验，发现只有存在阳光的时候，绿植才能够"净化"空气。反之，会使空气中的生命元素含量降低。故 1771 年被认为是光合作用的元年。

1782 年，瑞士科学家 J. Snebier 用化学分析的方法发现：CO_2 是光合作用的必需物质，而 O_2 是光合作用的产物。1804 年，瑞士人 N. T. de Saussure 通过定量实验，证实了水在光合作用中的作用。1864 年，J. V. Sachs 发现照光的叶片遇碘会变蓝，从而确定光合作用生成碳水化合物（淀粉）。随着人们对光合机理认识的逐步深入，光合作用反应式大致被确定为：

$$CO_2 + H_2O \xrightarrow{\text{叶绿体}} (CH_2O) + O_2 \uparrow \qquad (3\text{-}1)$$

光合作用是一个复杂的氧化还原反应。在式（3-1）中，CO_2 作为电子受体（氧化剂）被还原成碳水化合物（CH_2O），而 H_2O 作为电子供体（还原剂）被氧化释放出 O_2；反应过程中所需的能量来自光能，通过植物中叶绿素的参与，完成从光能到化学能的转变[2]。

经过多年深入的研究，人们发现植物进行光合作用的场所是叶绿体，光合作用中释放的 O_2 来自 H_2O，而非 CO_2。为了明确氧的来源，通常将光合作用的反应式表示为[3]：

$$CO_2 + 2H_2O \cdot \xrightarrow{\text{叶绿体}} (CH_2O) + O_2^{\cdot} \uparrow + H_2O \qquad (3\text{-}2)$$

绿色植物的光合作用过程非常复杂，通常可分为光反应和碳同化两个阶段。在光反应阶段，植物主要通过光合色素吸收光能形成同化力，即将光能转化为活跃的化学能 ATP（三磷酸腺苷）和 NADPH（还原型烟酰胺腺嘌呤二核苷酸磷酸）；活细胞中的 ATP 含量始终处于动态平衡状态，构成了植物体内稳定的能量供应环境。NADPH 是电子的受体 $NADP^+$ 接受电子后的生成物。在植物叶绿体中，光合作用光反应电子链的最后一步以 $NADP^+$ 为原料，经铁氧还蛋白 -$NADP^+$ 还原酶的催化而产生 NADPH，而产生的 NADPH 接下来在暗反应中被用于二氧化碳的同化。在碳同化阶段，植物将同化力进一步用于暗反应，推动 CO_2 和 H_2O生成碳水化合物。

3.1.2 光氧化还原

太阳能是自然界中取之不尽、用之不竭的绿色能源。1912 年，化学家 Giacomo Ciamician 描绘出利用太阳能实现绿色清洁化学的蓝图，加快了光氧化还原研究的进程。至今，有机光化学的研究已超过百年的历史。在近二十年的时间里，光氧化还原技术和应用获得了迅速的发展。这主要归功于以下的研究工作：2008 年，MacMillian 等[4] 报道了利用 Ru（bpy）$_3$Cl$_2$ 作为光敏剂实现了可见光诱导的醛的 α位的不对称烷基化反应。Yoon 等在研究中，利用 Ru（bpy）3Cl$_2$ 为催化剂，在可见光诱导下实现了烯烃的［2+2］环加成反应。此工作作为可见光氧化还原催化在有机合成中的应用做出了重要贡献，加速了可见光氧化还原催化的研究进程。

可见光催化摆脱了特殊反应器的限制，不再拘泥于高能量的紫外光照射，利用太阳光或半导体发光二极管（LED）光源等就可以有效实现催化反应。同时，对底物分子的要求降低，不再要求其具有特定的生色团和助色团，只要能和激发态的光催化剂发生氧化还原反应即可。根据反应底物与光催化剂作用方式的不同，可以将可见光氧化还原催化反应分为三类：①还原型，需还原剂，通过光催化剂实现电子和质子由还原剂向底物的转移；②氧化型，需氧化剂，通过光催化剂实现电子和质子由底物向氧化剂的转移；③氧化还原型，不需还原剂或氧化剂，底物在反应的不同阶段分别通过与光催化剂的氧化和还原反应实现预期转化。

3.1.2.1 光氧化

光氧化反应是非常重要的一种光化学反应，与生物化学、有机合成、环境科学、材料化学等都有着密切的联系，日益受到人们的重视。1931 年，Kautsky 研究发现，在氧存在下，光激发敏化剂能导致与敏化剂共存的某些物质发生氧化，并认为光氧化的发生是因为染料的激发态向氧转移能量，导致氧到达激发态（单重态）。这一想法不久后被证实。从此，光氧化反应成为光化学中一类十分重要的化学反应，引起研究者的广泛关注。

光化学家 Gollnick 将光氧化反应定义为在光照作用下，由物质 A 与分子氧作用生成 AO_2 的反应。光氧化反应分为两类：第一类是无敏化剂参与的自由基反应；第二类是在敏化剂（用 S 表示）参与下发生的反应[5]，通常将其表示为：

$$A - B + h\nu \longrightarrow A \cdot + B \cdot \xrightarrow{O_2} AO_2 \tag{3-3}$$

$$S + h\nu \longrightarrow {}^1S \longrightarrow {}^3S \xrightarrow{O_2} {}^1O_2 + S \xrightarrow{A} AO_2 + S \tag{3-4}$$

近年来，化学工业的发展产生了大量工业废水，使得水中的化学物质的含量和种类迅速增加，严重污染了水环境。其中，有一部分化学物质性质稳定，不易被生物降解。对于含此类物质的废水，通常难以采用生物法进行处理。

随着光氧化技术的发展，研究者在 UV 光的辐照下，利用强氧化剂 Fenton、O_3 等产生的具有强氧化能力的氢氧自由基（·OH）对废水进行处理。与传统方法相比，光氧化技术具有降解有机物效果好、速度快，反应条件较为温和，对温度和压力无特殊要求等优点[6]。目前，常见的光氧化技术有 UV/H_2O_2、UV/O_3、UV/Fenton 等。

（1）光过氧化氢氧化技术

H_2O_2 作为一种强氧化剂，因氧化性强、操作较为方便等特点，已经被广泛用于难降解废水的处理中。但是，如果只使用 H_2O_2 作氧化剂，并不能将那些不易分解的污染物降解。而采用 UV/H_2O_2 体系，H_2O_2 可在紫外光作用下，分解产生氧化性强的氢氧自由基（·OH），而降解一些只使用 H_2O_2 不能分解的污染物。

UV/H_2O_2 的反应机理如下：在 UV 光的作用下，H_2O_2 吸收光能，O—O 键断裂产生强氧化性的·OH 和氧原子，同时，紫外光还可将部分污染物直接光解。

Peyton 等[7] 提出了 UV/H$_2$O$_2$ 降解反应的机理，认为·OH 使有机物分子 HRH 去氢产生 RH·。在溶液中，RH·被溶解氧捕捉而产生有机过氧自由基（RHO$_2$·）。RHO$_2$·发生裂变生成超氧阴离子自由基（·O$_2^-$）和有机阳离子（RH$^+$）。通过一连串的热化学反应，这些离子和自由基使有机物逐步发生降解。同时，生成的·OH 还可通过亲电加成或电子转移反应，使有机物发生降解[8]。

亲电加成：

$$\cdot OH + PHHX（卤代芳烃）\longrightarrow \cdot OHPHX \tag{3-5}$$

电子转移：

$$\cdot OH + RX（卤代脂肪烃）\longrightarrow \cdot RX^+ + OH^- \tag{3-6}$$

·OH 具有强氧化性，它与有机物反应，最终生成水、二氧化碳和无机盐。若废水中有 HCO$_3^-$ 和 CO$_3^{2-}$ 的存在，可能会降低有机物的降解速率，使·OH 失去活性。

$$\cdot OH + HCO_3^- \longrightarrow OH^- + \cdot HCO_3 \tag{3-7}$$

$$\cdot OH + CO_3^{2-} \longrightarrow OH^- + \cdot CO_3^- \tag{3-8}$$

（2）光臭氧氧化技术

光臭氧氧化技术是 O$_3$ 与 UV 光相结合的一种氧化技术，它利用 O$_3$ 在 UV 光的照射下分解生成的活泼的次生氧化剂氧化有机物。因氧化能力强、反应条件温和等优点，UV/O$_3$ 体系迅速发展。

20 世纪 70 年代初，Prengle[9] 发现在紫外光的照射下，臭氧的分解速度变快。在水中，臭氧吸收紫外光并迅速分解，在 253.7nm 处，紫外光吸收效率达到最大。对于 UV/O$_3$ 氧化过程中产生·OH 的机理，存在两种解释：

$$O_3 + h\nu + H_2O \longrightarrow O_2 + H_2O_2 \qquad H_2O_2 + h\nu \longrightarrow 2\cdot OH \tag{3-9}$$

$$O_3 + h\nu \longrightarrow O_2 + \cdot O \qquad H_2O + \cdot O \longrightarrow 2\cdot OH \tag{3-10}$$

以上两种机理都指出，在紫外光辐射下，1mol 臭氧产生 2mol·OH。

另外，Peyton 和 Glaze[10] 较好地总结了 UV/O$_3$ 体系的机理，认为首先是产生了 H$_2$O$_2$，然后生成了·OH，其反应如下：

$$O_3 + h\nu + H_2O \longrightarrow O_2 + H_2O_2 \tag{3-11}$$

$$H_2O_2 + h\nu \longrightarrow 2\cdot OH \tag{3-12}$$

$$O_3 + h\nu + H_2O \longrightarrow O_2 + 2\cdot OH \tag{3-13}$$

UV/O$_3$ 技术虽然氧化能力强，且适用于含有难降解物质的有机废水处理，但现有的技术比较复杂，成本较高。

（3）光 Fenton 氧化技术

Fenton 发明了 Fenton 氧化法[11]，其反应机理为：在酸性条件下，利用 Fe^{2+}

作为 H_2O_2 氧化分解的催化剂，在反应过程中生成·OH，其反应活性较高，会继续引发自由基链反应，使有机物得到氧化降解。但是，普通 Fenton 氧化法存在两个问题：

① 不能充分矿化有机物；

② 过氧化氢的利用率较低，Fe^{2+} 会消耗部分过氧化氢。

为了对技术进行改进，研究者在 Fenton 法中引入紫外光，发明了 UV/Fenton 技术[12]，与普通 Fenton 法相比，它具有以下优点：

① 减少了 Fe^{2+} 的用量，提高了过氧化氢的利用率；

② UV/Fenton 系统可提高有机物的矿化程度；

③ 部分有机物可在紫外光作用下发生降解；

④ 紫外光与 Fe^{2+} 对过氧化氢的催化分解存在协同效应，使得过氧化氢的分解速率远大于单一物质催化时 H_2O_2 的分解速率。

一般认为 UV/Fenton 的反应机理如下：

$$H_2O_2 + h\nu \longrightarrow 2 \cdot OH \tag{3-14}$$

$$Fe(OH)^{2+} \longrightarrow Fe^{2+} + HO\cdot \tag{3-15}$$

H_2O_2 在 UV 光（$\lambda < 300nm$）的照射下，产生·OH；Fe^{2+} 在 UV 光的照射下，可以部分转化为 Fe^{3+}，在酸性条件下，Fe^{3+} 可水解生成羟基化的 $Fe(OH)^{2+}$。在紫外光作用下，$Fe(OH)^{2+}$ 可以发生光敏化反应，生成·OH 和 Fe^{2+}。

在 UV/Fenton 的反应中，Fe^{2+} 催化过氧化氢分解产生·OH：

$$Fe^{2+} + H_2O_2 \longrightarrow Fe^{3+} + \cdot OH + OH^- \tag{3-16}$$

$$Fe^{3+} + H_2O_2 \longrightarrow Fe^{2+} + HO_2\cdot + H^+ \tag{3-17}$$

此时，生成的·OH 与有机物 HRH 反应，发生自由基反应，生成有机自由基 RH·，其反应如下：

$$HRH + \cdot OH \longrightarrow H_2O + RH\cdot \tag{3-18}$$

氧气的存在可以提高有机物降解的速率，反应体系中溶解氧与反应生成的 RH·可反应，生成 $O_2RH\cdot$，否则 RH·则会与 RH·发生反应生成 HRRH。

$$RH\cdot + O_2 \longrightarrow O_2RH\cdot \tag{3-19}$$

$$\cdot RH + \cdot RH \longrightarrow HRRH \tag{3-20}$$

3.1.2.2 光还原

光还原是指在光的照射下进行的还原反应。根据 IUPAC 的定义，光化学还原过程可以分为两类[13]：第一类是由某种物质在光化学过程中产生氢；第二类是给光激发态物质加上一个或多个电子。

光谱研究结果表明，光还原反应是通过羰基 n → π* 激发的三线态进行的，它对氧和其他三线抑制剂十分敏感，因此，光还原反应会与其他光化学反应竞争，产物较为复杂。同时，溶剂也会影响量子产率。典型的例子是羰基化合物在醇、脂肪烃、金属氢化物等氢供体（RH 或 HZ）中的还原。此时，羰基化合物的激发态从氢供体获得一个氢原子，生成一个酮基，在次级反应中可生成醇或二醇。

例如二苯酮的光还原：

$$Ph_2CO \xrightarrow{h\nu} Ph_2CO(S_1) \longrightarrow Ph_2CO(T_1) \xrightarrow{RH} Ph_2\dot{C}OH + R\cdot$$

$$2Ph_2\dot{C}OH \longrightarrow Ph\underset{OH}{\overset{Ph}{\underset{|}{|}}}\underset{OH}{\overset{Ph}{\underset{|}{|}}}Ph$$

$$2R\cdot \longrightarrow R-R$$

$$Ph_2\dot{C}OH + R\cdot \longrightarrow Ph_2\overset{R}{\underset{|}{C}}OH \qquad (3-21)$$

（1）均相体系 Hg（Ⅱ）的光还原

汞是一种剧毒、高挥发性、易在食物链中富集的物质，成为全球性循环污染元素。在自然界，二价汞 Hg（Ⅱ）的还原过程是多种多样的，除了化学还原外还有微生物的还原。将涉及光还原过程的反应概括如下。

① 无机汞离子的光还原。20 世纪末，研究者发现，在光的照射下无机汞形态 $Hg(OH)_2$ 能够进行光化学还原。若以草酸盐作为电子供体，其还原反应速度最快。这是因为草酸盐受到近紫外范围内的光照射后，光解产生过氧自由基 $HO_2\cdot$。与没有供体存在时的反应相比，Hg^{2+} 与甲酸盐和乙酸盐的还原反应并不明显。在铁 - 草酸盐配合物中 Hg（Ⅱ）的光化学过程可用图 3-1 表示。

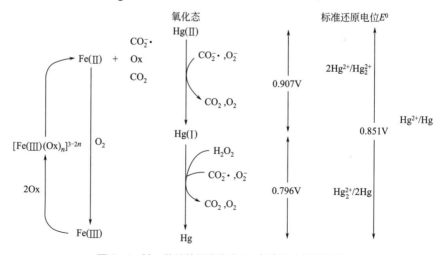

图3-1　铁－草酸盐配合物中Hg（Ⅱ）的光化学过程

② 有机汞的光还原。CH_3Hg^+ 不吸收可见光，但可以吸收一部分波长在 290～320nm 的紫外光，这种吸收可以使其进行光化学还原：

$$CH_3Hg^+ + h\nu \longrightarrow CH_3 \cdot + Hg^+ \tag{3-22}$$

$$2Hg^+ \longrightarrow Hg^0 + Hg^{2+} \tag{3-23}$$

当因光解在水溶液中产生强氧化性·OH时，则可能发生 CH_3Hg^+ 的间接氧化：

$$CH_3Hg^+ + \cdot OH \longrightarrow CH_3OH + Hg^+ \tag{3-24}$$

$$Hg^+ + \cdot OH \longrightarrow OH^- + Hg^{2+} \tag{3-25}$$

（2）金属离子的多相光催化还原

为实现消除污染物的目的，人们通常采用光激发半导体材料，使其产生电子 - 空穴对，让金属离子在半导体表面吸附，然后分别与电子或空穴发生相应的氧化还原。从理论上来看，对于任意金属离子，只要其还原电位比半导体的导带电位偏正，就可能被激发电子还原[14]，反应方程如下：

$$M^{n+} + ne^- \longrightarrow M^0 \tag{3-26}$$

金属离子的多相光催化还原主要受以下几个因素的影响：①受催化剂的影响，如催化剂种类、催化剂表面与体相结构及催化剂用量等。②受还原气氛的影响，氧的存在会降低光催化还原效率。因为 O_2 是较强的电子受体，它与金属离子争夺导带上的电子，从而降低了金属离子的还原效率。③酸度的影响，它不仅影响催化剂本身的活性与稳定性，同时，还影响金属还原电位的高低和金属离子在体系中的存在方式。

3.2
光催化反应

光催化技术是 20 世纪 70 年代兴起的一种高级氧化技术，因其具有：广谱的催化氧化能力，能降解绝大多数的有机污染物；反应条件温和，一般条件下都能发生反应；最终降解产物为二氧化碳和水，无二次污染等三个主要优点，受到各个方面的重视，是一种在环境领域具有重要应用前景的绿色技术。

在水体环境中，半导体光催化反应是指半导体材料吸收光电子并在其表面激发产生电子 - 空穴（e^--h^+）对，进而与水中物质发生的一系列化学反应的过程。决定水体光催化反应的基本条件为：一是半导体材料接收光能并产生激发；二是

e^--h^+ 对直接或间接参与光化学反应。如果水体中除水分子外没有其他物质参与光化学反应，这就是传统意义上的光分解反应。

传统光催化技术受光催化材料和应用方式等方面制约而不易实用化。图 3-2 为主要光催化材料的禁带宽度、导带和价带位置。例如，GaP、GaAs、BiVO₄ 等可能在水体中引发生物毒性，n-Fe₂O₃ 由于其自身性质限制（h^+ 在材料中扩散长度短、e^--h^+ 对复合速度快等）以及 n-ZnO 对酸碱敏感等，不具备太大的实用价值。研究最多的材料为 n-TiO₂，其在化学稳定性、光催化活性及成本等方面具有优势。然而 TiO₂ 本身带隙宽度较宽，只在短波紫外线的照射下才能被激发，如果此类材料需要在水处理行业中大规模使用，唯一办法就是利用太阳能作为辐射光源。太阳能中只有不到 4% 的紫外光能量，对于 TiO₂ 而言，将有大量的可见光不能被吸收。为了改变这一状况，可通过元素掺杂、窄带隙半导体耦合等方式调整光催化材料的能带结构，增强光子的吸收效率，拓展 TiO₂ 光催化材料可见光光谱的响应范围，使 TiO₂ 光催化材料具备可见光催化能力。其次在 TiO₂ 光催化材料利用方式上，传统光催化应用直接使用光催化剂粉末，虽然光催化效果好，但不利于催化剂回收，容易造成催化剂流失，难以规模化实际应用。为解决上述缺点，主要从负载方式上进行优化和研究，例如制备各种光催化薄膜、利用多孔材料作为光催化材料负载体等。同时通过调整光催化材料的表界面化学性质来改变半导体的表面能和化学吸附特性，增强界面物质间的电荷和能量转移能力，进而达到增强光电极的光催化选择性和提高光催化反应速率等目的。

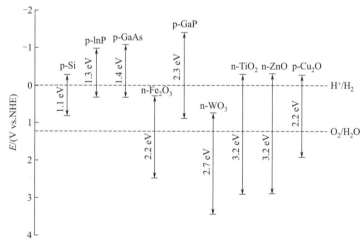

图 3-2　常用半导体的禁带宽度、导带和价带位置

为了更进一步提高光催化效率，研究发现，光激发产生的 e^--h^+ 对有绝大部分是消耗在自身的复合上。若在光电极中施加偏压或电压可驱使光生电子往阴极

移动，在阴极被消耗，从而较大程度减少 $e^- $-$h^+$ 对的复合率，这就产生了一种新的光催化模式，即光电催化（photoelectrocatalytic，PEC）。此外，为了收集由光生电子产生的能量，产生了另外一种光催化模式——光催化燃料电池（photocatalytic fuel cell）（本文不论述光催化燃料电池，有兴趣的可以查阅相关文献）。

3.2.1　光催化反应原理

半导体的导电性介于金属和绝缘体之间，其能带结构通常由基本填满的价带（VB）和基本上空的导带（CB）构成，两者之间的区域称为禁带，其导电性能是依靠导带底的少量电子或价带顶的少量空穴实现的，如图 3-3 所示。由于半导体特殊的能带结构，利用半导体材料制成的各种器件在计算机、通信、控制等方面有着非常广泛的应用。

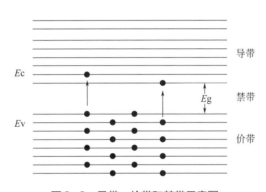

图3-3　导带、价带和禁带示意图

对于半导体而言，带隙能 E_g 与光电子能量 $h\nu$ 可以通过 Tauc plot 公式进行计算：

$$2(\alpha h\nu) = A(h\nu - E_g) \tag{3-27}$$

式中，α 为吸收系数，L/（g·cm）；h 为普朗克常数，6.626×10^{-34} J·s；ν 为光波的频率，s^{-1}；A 为常数。

当 Tauc plot 曲线截距为 0，也就是 $2(\alpha h\nu) = 0$ 的条件下，上述公式可以变为：

$$\lambda_g = 1240 / E_g \tag{3-28}$$

式中，λ_g 为入射光波长，nm。

半导体光催化同样也是利用了半导体特殊的能带结构［式（3-27）和式（3-28）］：当入射光的能量大于半导体的禁带能量（或称带隙能 E_g）时，半导体 VB 中的电子激发进入 CB，从而在 CB 中形成光生电子，在 VB 中形成空穴。如图 3-2 所示，以二氧化钛为例，其 λ_g 为 387.5nm，只有入射光波长小于 387.5nm 的紫外光才能激发二氧化钛产生空穴和光生电子，而可见光（波长 400～760nm）不能

激发二氧化钛中的电子。

在正常状态下,大部分的光生电子和空穴在半导体内部进行了复合,这部分复合对于光催化而言是无用的,只有靠近半导体表面的那部分光生电子和空穴被表面吸附的物质捕获时发生了氧化还原反应,这部分反应才是光催化反应的关键点。如图3-4所示,受光激发产生的光生电子和空穴,其主要消耗途径是两个方面:自身复合和与其他物质发生氧化还原反应。这就从原理上决定了如何从光催化材料本身去提高光催化效率。增加发生反应的光生电子和空穴总量及产生速率:一方面是通过降低半导体的禁带能量以增加半导体受激发的电子总量和速率;另一方面是降低和减少自身 e^--h^+ 对复合速率和复合率,使相同辐射能量下能发生氧化还原的光生电子和空穴的占比增加。

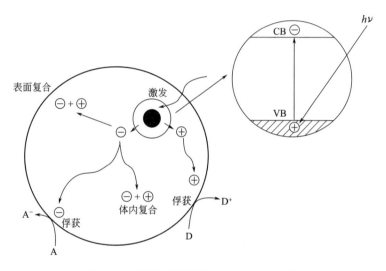

图3-4 半导体受光激发时电子、空穴变化

根据对导电性的影响,与光催化领域相关的杂质态半导体又分为 n 型半导体和 p 型半导体。如图3-5所示,在 n 型半导体中,由施主提供电子,激发至导带,通过电子进行导电。而在 p 型半导体中,电子由满带激发到受主中,通过空穴进行导电。当上述两种情况在一种半导体材料中出现时,即一个半导体材料中部分区域是 n 型,部分区域是 p 型,二者之间的交界区域就被称为 p-n 结。对于 n 型半导体而言,自由电子往光辐射面相反的方向跃迁,会在表面产生大量的空穴,高级氧化技术主要利用这部分半导体材料中产生的强氧化性空穴;而 p 型半导体在表面富集了大量的自由电子,这部分自由电子就是光催化反应还原机制的关键。

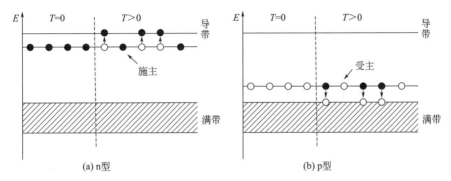

图3-5 施主杂质和受主杂质

半导体材料在光激发条件下，产生光生电子和空穴对［式（3-29）］，除去复合部分［式（3-30）］，表面的空穴可通过直接或间接方式消耗：直接氧化吸附在半导体表面的有机物［式（3-31）］，使有机物发生降解；也可以发生间接氧化作用，先与水分子或 OH^- 等发生反应，生成·OH（羟基自由基）［式（3-32）］，·OH 再与有机物发生氧化反应［式（3-33）］。光生电子是较强的还原剂，容易被半导体表面的氧分子捕获，生成·O_2^-（超氧阴离子自由基）［式（3-34）］，这也是光催化氧化自由基的一个重要来源。

$$SC + h\nu \longrightarrow h^+ + e^- \tag{3-29}$$

$$h^+ + e^- \longrightarrow 热 \tag{3-30}$$

$$h^+ + R_{1,\ ads} \longrightarrow R_{1,\ ads}^+ \tag{3-31}$$

$$H_2O + h^+ \longrightarrow \cdot OH + H^+ \tag{3-32}$$

$$\cdot OH + R_{1,\ ads} \longrightarrow R_{2,\ ads} \tag{3-33}$$

$$e^- + O_2 \longrightarrow \cdot O_2^- \tag{3-34}$$

在光催化过程中，比较有争议的反应来源于式（3-32）。很多学者认为光催化反应是主要由 h^+ 反应产生的·OH 所引发的，也就是 h^+ 间接氧化反应是主导光催化反应的主因。本书作者在光催化及光电催化长期研究发现，h^+ 在光催化中占了很大比重（3.4.1），在这里将光催化 h^+ 直接氧化作为光催化降解重要机制之一。

很多基于 Langmuir-Hinshelwood（L-H）动力学模型［式（3-35）］的研究工作表明，在不同污染物浓度条件下，$1/r$ 和 $1/c$ 具有良好的线性关系。光催化是基于催化剂表面展开的，也就是说，在水体中污染物先吸附于催化剂表面，再通过 h^+ 和（或）·OH 等活性粒子进行降解。

$$r_0 = \frac{k_r K c_{eq}}{1 + K c_{eq}} \longleftrightarrow \frac{1}{r_0} = \frac{1}{k_r K}\frac{1}{c_{eq}} + \frac{1}{k_r} \tag{3-35}$$

3.2.2　紫外光催化反应

　　根据光催化剂可吸收光的波长进行分类，光催化反应可分为紫外光催化反应和可见光催化反应。顾名思义，紫外光催化反应是指以紫外光作为能量驱动的光催化反应。前面已经说明，光催化在水处理领域的应用前景应当是以太阳光作为能源，然而紫外光催化反应在一些特殊的领域有着良好的效果，例如在自来水的杀菌消毒和微污染去除等方面，主要结合了紫外光杀菌消毒和光催化的氧化特性。紫外光杀菌消毒在水处理领域是一个非常成熟的工艺，主要利用紫外光（例如波长为254nm）破坏微生物体内的核酸结构导致微生物细胞死亡，从而达到杀菌消毒的目的。不同于活性氯消毒，紫外光消毒过程中没有消毒副产物产生，同时不需要专门配备对应的活性氯发生器或储备活性氯产品，是一种安全和便捷的消毒方法。随着紫外灯技术的发展，配合净水设备，紫外光消毒技术已经走入了千家万户，被广大群众所接受。同时，紫外光消毒技术也在中水回用和污水深度处理等方面得到了规模化应用[15]：如污水处理厂的深度处理（采用能产生紊流的紫外线消毒器进行杀菌）；游泳池的循环水消毒（采用封闭式紫外线消毒器，处理能力可达100～500m³/h）；污水厂的深度处理（采用敞开式紫外线消毒工艺，可提供4×10⁴m³/d的工业回用水）等。紫外光和TiO₂光催化剂的配套使用是紫外光催化的比较经典的方式，紫外光和TiO₂光催化剂都易获得，两者都具有规模化应用的前提，主要利用了光催化产生的h^+和·OH的强氧化能力，同时对于很大部分的物质而言，紫外光也具有直接的光降解作用。例如以纳米TiO₂作为光催化剂，直接利用紫外光对活性黑5溶液进行照射[16]（图3-6），结合水动力空化作用，在停留120min之后，活性黑5溶液的浓度由30mg/L降至12mg/L（降解率60%），其综合运行成本约为6美元/m³。相比其他的高级氧化技术，其综

图3-6　紫外光催化反应器

合运行成本相对较高（约是芬顿氧化的 15 倍）。决定其高成本的主要原因为电耗，很大一部分是来自紫外灯的运行功耗。若直接以紫外光作为驱动进行光催化反应，从过程应用层面而言，因成本等原因不具实用性。这方面也决定了要想使光催化在污水处理领域大规模使用，需要以可见光（太阳光为主）作为驱动光源。

然而，利用光催化产生的 h^+ 和 $\cdot OH$，可提高紫外光杀毒效率和去除水体中的微污染，紫外光催化在以杀菌消毒为目的的水处理工艺中有广泛的应用前景。细菌、病毒等微生物从根本上而言就是生物大分子类有机物的聚合体，利用 h^+ 和 $\cdot OH$ 等的强氧化能力，对微生物进行无差别攻击，直至最终的降解矿化，可达到杀菌和微污染消除的双重目的，这也是单纯紫外光消毒无法达到的。紫外光催化的杀菌消毒效率一般低于活性氯消毒工艺，而由于其综合了微污染消除的功能，对防止水体的二次微生物污染具有独特的效果。更重要的是，利用此类方法进行消毒，没有氯副产物产生，这对于人体健康也是非常重要的。基于紫外光催化良好的环境效应，在此领域正在进行更加系统的研究工作。随着光催化材料的发展，紫外光催化工艺将会在给水、中水和尾水处理等方面得到规模化的应用。以惰性半导体（例如二氧化钛）作为光催化材料，提高其紫外光的吸收效率和材料稳定性、降低其光生电子和空穴的复合速率等，应当作为紫外光催化技术从实验室研究到工业化应用的一个重要方面。

此外，还有一种以短波高能量紫外光（例如波长为 185nm、光电子能量为 6.7eV 的真空紫外光）为驱动的紫外光催化技术：紫外光电子自身就能被污染物吸收从而发生降解，产生直接光降解效应；紫外光电子被表层水分子吸收，产生 $\cdot OH$ 及其他的活性基，并与有机污染物分子反应，导致了间接光降解［式（3-36）～式（3-41）］。此类光降解过程光催化反应速率快，可以在很短的时间内完成光降解反应，在一些特殊的领域有着较好的应用前景。紫外光催化在一定范围内能够有效地克服传统方法存在不同程度的成本高、耗材用量大、能耗大、操作复杂等缺点，例如在军工、航空航天等方面，紫外光催化用于水体和空气的消毒、内部空间的空气净化、战时饮用水净化等，其作用的彻底程度是其他方法难以达到的。同时，紫外光催化技术也可用于改善封闭环境中的大气质量，提高生命维持系统的工作效率，保障人员的身体健康。紫外光催化技术可用于国防工程内部、军事掩蔽部和指挥部、潜艇、舰船、封闭性的机动车辆内部、航天飞机和宇宙飞船内部等。然而，短波的表层吸收和低效率的紫外光 - 电能转换效率制约了其在水处理行业中的规模化应用。

$$H_2O \xrightarrow{h\nu} H\cdot + \cdot OH \,(\lambda < 242nm) \tag{3-36}$$

$$O_2 + h\nu \longrightarrow 2O\cdot(^1D) \,(\lambda < 242nm) \tag{3-37}$$

$$H_2O + O\cdot(^1D) \longrightarrow 2\cdot OH \tag{3-38}$$

$$O\cdot + O_2 + M \longrightarrow O_3 + M\,(M = O_2 或 N_2) \tag{3-39}$$

$$O_3 \xrightarrow{\;h\nu\;} O\cdot(^1D) + O_2\,(\lambda < 310nm) \tag{3-40}$$

$$H_2O + O\cdot(^1D) \longrightarrow 2\cdot OH \tag{3-41}$$

紫外光催化技术在空气净化领域应用比较多，主要用于 VOC（挥发性有机污染物）的治理。部分工厂（图 3-7）和家用的空气净化器就是采用的紫外光催化技术，其原理也是主要利用紫外光激发半导体材料，使其表面产生的 h^+ 和 $\cdot OH$ 氧化，并使由 h^+ 和 $\cdot OH$ 二次氧化产生的 O_3 氧化。紫外光在空气中的穿透性较好，其光催化器件相对水处理器件而言更容易设计和制造。

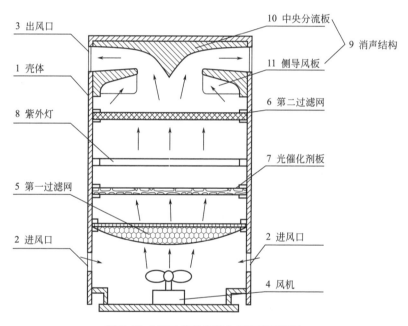

图 3-7　VOC 紫外光催化反应器示意图

对于紫外光催化，其优点和缺点都很鲜明，如何合理设计和选用紫外光催化器件是紫外光催化技术规模化应用的一个重要方面。将紫外光催化技术用于其适合的方面（如空气净化、水的杀菌消毒等），具有良好的发展前景。

3.2.3　可见光催化反应

要使光催化技术规模化应用于水处理行业中，从紫外光到可见光吸收是一个转折，这主要受制于太阳光的波长和能量分布。在太阳光中，有 50% 以上的光能都是来自可见光，而紫外光能量占比不到 4%，其他部分是红外光。通过式（3-27）可推算出可见光光电子的能量范围。在人工合成和自然界天然化学物质中，只有极少部分化学物质（例如部分的染料化合物）可以通过吸收可见光光电子而发生自敏化反应，从而实现自身光降解。而绝大部分化学物质吸收了可见光光电子，只能作为热量（红外线）对外进行辐射。通过光催化剂的转化，可将可见光光电子转化成 h^+ 和 $\cdot OH$，从而对水体中污染物实现直接降解或间接降解，从而达到污染治理的目的。

从图 3-2 和前面描述中可知，只有极少部分具有应用前景的材料本身具有可见光吸收特性。二氧化钛作为最广泛使用的光催化材料，本身不具有可见光吸收特性。为解决这一问题，主要通过元素掺杂和窄带隙半导体耦合等方式调整光催化材料的能带结构，增强光子的吸收效率。其主要的方法有：

3.2.3.1 非金属元素掺杂

非金属元素的掺杂对半导体的作用主要是通过在氧化物中的掺杂展开的，其主要机理有三个方面：①杂化氧化物光催化剂；②取代氧原子位点；③造成晶体缺陷。根据半导体能带理论，TiO_2 的导带主要由 Ti 原子 3d 轨道能级决定，价带主要由 O 原子 2p 轨道形成，半导体的掺杂类型是由价带上的氧原子决定的。在非金属掺杂体系中，C、N 和 F 等原子半径小于 O 原子，可在 TiO_2 表面替代 O 原子，造成电子空位和电荷补偿；P、S、Cl 和 Br 等原子半径比 O 原子大，一般嵌入晶体结构中，造成晶体缺陷，这两个方面一般会对光催化效能产生正面作用。目前，非金属元素掺杂是最有效的制备可见光响应 TiO_2 的方式之一，不同的非金属对 TiO_2 掺杂和改性的机制是不一样的。本节以 N、C、P、F 和 I 等非金属元素为例进行阐述。

（1）N 掺杂

N 原子在 TiO_2 中有两种存在方式：取代 TiO_2 中 Ti 和 O 的位点形成 $Ti_{1-y}O_{2-x}N_{x+y}$，简称取代型 N；填充于 TiO_2 晶格间隙中形成杂质型 N。通过在 TiO_2 中进行 N 掺杂，可以改变 TiO_2 光催化剂的物化性质（折光率、硬度、导电性、弹性系数等）以及扩展可见光吸收范围，增强其光催化性能。例如，Ao 等[17] 研究表明，与 TiO_2 相比，N 掺杂 TiO_2 的带隙更窄，并且在可见光照射下具有良好的光催化活性。Anpo[18]、Gritscov 等[19] 发明了一种 N 掺杂 TiO_2 纳米颗粒的制备方法，并研究了 N 掺杂浓度与可见光吸收之间的关系，发现 TiO_2 中存在的 N 有利于可见光诱导的 2,4-二氯苯酚的光降解，而化学吸附在催化剂表面的氮对光活性有害。在 N 掺杂工艺中，氮源起着非常重要的作用，尿素、三乙胺、硫脲和水合肼均

可用作氮源，其中三乙胺最为有效，对罗丹明 B 具有最高的可见光催化活性（图 3-8）。Yates 等 [20] 利用 NH₃ 作为氮源成功地制备了具有可见光催化能力的 N 掺杂 TiO₂，而用 N₂ 处理的 TiO₂ 会降低其可见光催化活性，其主要原因是 N₂ 处理扩大了 TiO₂ 的带隙，导致可见光催化活性降低甚至消失。

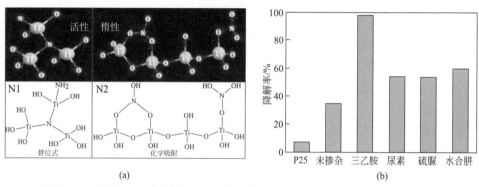

(a)

(b)

图3-8 N 掺杂 TiO₂ 中氮的含量（a）和由不同氮源制备的 N 掺杂 TiO₂ 在各自的最佳掺杂值下的光催化活性（b）

（2）C 掺杂

C 原子对 TiO₂ 的改性作用主要有两点：一是通过提高 TiO₂ 自身的导电性来提高 e⁻ 的分离效率；二是通过增强 TiO₂ 表面的酸性来提高 TiO₂ 表面对有机污染物的吸附能力，C 原子通过这两点作用提高 TiO₂ 的光催化活性。在 C 掺杂 TiO₂ 中，C 的价态可从 –4 价（Ti—C 键形式）到 +4 价（C—O 键形式），多种价态的存在也有利于 TiO₂ 形成价态缺陷，扩展其可见光吸收范围，提高其光催化活性。Kamisaka 等 [21] 通过密度泛函理论（DFT）研究了 C 掺杂对 TiO₂ 结构和光学性质的影响，假设碳原子可以取代钛和氧的 4 个不同位置以获得 4 个相应的 C 掺杂结构，结果表明：由于 Ti 阴离子的形成，C 取代 Ti 不会导致 TiO₂ 发生任何可见光响应；相反，用 C 代替 O 将有利于可见光吸收且不会改变其晶体结构。Nagaveni 等 [22] 使用溶胶 - 凝胶法成功制备了 C 掺杂的 TiO₂，在可见光和紫外光照射下对亚甲蓝显示出高的光降解活性。Xia 等 [23] 制备了 C 掺杂的金红石 TiO₂ 晶体，其具有暴露的（110）小平面，其具有分层结构并且被发现对于水的光催化生成 H₂ 是高效的，在 196min 的反应后产生近 450mL 的 H₂。Yu 等 [24] 还通过水热处理合成了具有暴露的（001）小平面的新型 C 自掺杂 TiO₂ 薄板，C 掺杂的 TiO₂ 片在整个可见光区域显示出较强的光吸收并且吸收边缘显著红移，在可见光照射下对亚甲蓝显示出高的光催化降解活性。Lin 等 [25] 通过溶胶 - 凝胶法结合水热处理制备可见光敏 C 掺杂介孔 TiO₂ 薄膜，这些 C 掺杂的 TiO₂ 薄膜具有高比表面积，并且在紫外光和可见光照射下均具有优异的光降解活性。

（3）P掺杂

P掺杂可以明显提高 TiO$_2$ 的比表面积，并抑制锐钛矿相 TiO$_2$ 向金红石相的转变，有利于光催化反应的进行。但是，研究报道对于 P 掺杂机制作用的描述并不一致。例如有文献报道 P 掺杂可以增大 TiO$_2$ 的禁带宽度，并增强其在紫外光下的光催化活性[26]。然而一些研究却认为 P 掺杂可以减小 TiO$_2$ 的禁带宽度，并能够使 TiO$_2$ 的光吸收范围扩展至可见光区域，使其具有可见光催化活性[27,28]。Han 等[29]采用溶胶-凝胶法制备了掺 P 的纳米 TiO$_2$ 粉末。通过 XRD、BET、FT-IR 光谱，Zeta 电位测量和 XPS 分析进行材料的表征，结果表明，P 抑制了晶体生长和相变，同时增加了表面积。FT-IR 和 XPS 的光谱表明 P 掺杂剂在 TiO$_2$ 中呈现五价氧化态，P 还可以通过 Ti—O—P 键与 Ti^{4+} 连接（图3-9）。XPS 峰的正向移动表明与纯 TiO$_2$ 相比，P 掺杂的 TiO$_2$ 层变窄，Zeta 电位的结果表明表面电荷载流子的密度增强。周安展、李雨霏[30]采用溶胶凝胶法制备了 P-TiO$_2$ 光催化剂，结果表明，与 TiO$_2$ 相比，P-TiO$_2$ 的光催化活性效果更好，在亚甲基蓝溶液的初始浓度为 10mg/L、pH=6、焙烧温度为 550℃ 以及光催化剂的 P/Ti 为 0 和 0.05 的条件下，P/Ti 为 0.05 的降解性能明显优于纯二氧化钛的降解性能。这是因为 P 纳米粒子因等离子体共振效应而产生了可见光吸收。

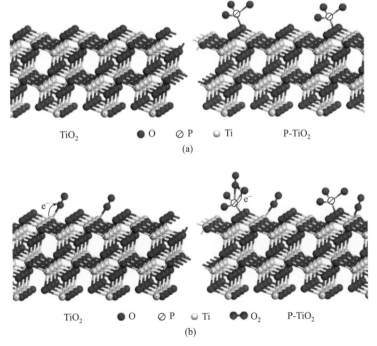

图3-9 锐钛矿（101）TiO$_2$（L）及 P-TiO$_2$（R）的表面结构（a）和吸附在 TiO$_2$（L）及 P-TiO$_2$（R）表面上的氧（b）

（4）卤素掺杂

卤素掺杂可以有效提高 TiO_2 的光学性能和表面性能，从而受到了广泛的关注，其中，F 掺杂和 I 掺杂 TiO_2 易制备并且具有较高的可见光催化性能，F、I 掺杂的研究文献也最多。对 TiO_2 进行 F 掺杂不会明显改变其禁带宽度的大小，但是会增强其表面酸度和对可见光的吸收能力。在 F 掺杂 TiO_2 中，F 原子可以取代 O 原子。由于 F^- 和 Ti^{4+} 间的电荷补偿作用，会导致 Ti^{3+} 的形成。Ti^{3+} 的存在能够抑制 TiO_2 中光生 e^--h^+ 的复合。此外，F 掺杂还能够提高锐钛矿相 TiO_2 向金红石相转变的退火温度。崔红等[31] 用 F 掺杂 TiO_2 发现在以 12W 的蓝色 LED 为光源的情况下，不同掺杂量的 F 对 TiO_2 的光催化效果有显著影响。未掺杂的 TiO_2 样品光照 40min 降解率仅为 30%，而掺杂 F 的质量分数为 2% 时，其降解率达到了 94.3%，同时降解率并不随掺杂量的增加而增加，而是有一个最佳比例。I 掺杂与 F 掺杂的作用有所不同。I^{5+} 和 Ti^{4+} 的半径大小很接近，从原子半径匹配的角度来看，I^{5+} 很容易取代 Ti^{4+}。I 掺杂不仅可以改变 TiO_2 的表面电荷和禁带宽度，还可以抑制其光生 e^--h^+ 的复合（图 3-10）。根据第一性原理计算表明，在 I 掺杂 TiO_2 中，I 5p 或 I 5s 轨道会与 O 2P 和 Ti 3d 轨道发生杂化，从而使 TiO_2 的光吸收范围从紫外光区域扩展到可见光区域。蒋悦等[32] 在低于 100℃ 温度条件下，以钛酸正丁酯为钛源、碘酸钾为碘源，采用溶胶-凝胶法制备了 I 掺杂纳米 TiO_2 催化剂（I-TiO_2），结果显示：I-TiO_2 的禁带宽度与 TiO_2 相比具有显著性差异。TiO_2 和 I-TiO_2 的禁带宽度分别为 3.94eV 和 2.15eV，掺杂 I 使 TiO_2 的禁带宽度得到有效的窄化，表明 I 的掺杂使 TiO_2 的光响应红移，其主要原因为 I 在 TiO_2 的导带和价带中间引入新的杂质轨道，窄化了禁带宽度，进而提高了对可见光的利用率。同时，在试验条件为 210min、掺杂比例 $n_I : n_{Ti}$=0.05：1 时，RhB 可褪色

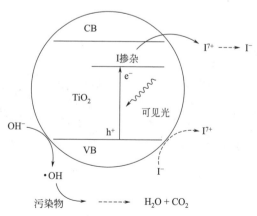

图3-10 I-TiO_2 中 I^{7+} 捕获电子的机理[33]

完全，而其他比例的催化剂对 RhB 的褪色效果均没有 $n_I : n_{Ti}$=0.05：1 时好。

3.2.3.2 金属元素掺杂

一般情况而言，掺杂进入 TiO_2 的金属离子会被光子直接激发产生 e^-，直接迁移至 TiO_2 导带中被分离，从而提高 TiO_2 的界面 e^- 迁移速率和载流子分离速率，提高 TiO_2 的光催化性能，并且金属掺杂 TiO_2 的晶体结构主要是锐钛矿相，这种晶型在 TiO_2 的三种晶体中的光催化效率最高。目前已经成功制备了多种金属元素掺杂 TiO_2 催化剂，例如 Fe、Zn、Cu、Ni、Mn、Sn 以及 Co 等金属元素掺杂 TiO_2 颗粒。早期，Choi 等[34] 以氯仿的光催化氧化和四氯化碳的光催化还原为模板，研究了掺杂 21 种过渡金属离子的 TiO_2 的光活性，发现掺杂 Fe^{3+}、Mo^{5+}、Ru^{3+}、Os^{3+}、Re^{5+}、V^{4+} 和 Rn^{3+} 阳离子能增强光催化活性。Yan 等[35] 通过溶胶-凝胶法合成不同铈离子含量的掺杂 TiO_2 纳米颗粒，Ce 离子在价带上方的 TiO_2 带隙中产生额外的电子态，通过捕获光子形成空穴，从而降低光生电子和空穴的复合速率，与纯 TiO_2 相比，Ce 掺杂 TiO_2 具有更好的可见光吸收性能并能提高亚甲蓝的光催化降解效率（图 3-11）。此外，金属元素掺杂还能够扩展 TiO_2 的光吸收范围至可见区，有利于提升其可见光催化活性。Zhu 等[36] 用活性黄 XRG 染料的光降解反应表征铁掺杂 TiO_2 的光催化性能，证实了铁离子可显著增强 TiO_2 光催化活性。除了铁，铬和钒也广泛用作 TiO_2 中的掺杂元素，由于 Cr^{3+} 的 3d 电子激发到 TiO_2 的导带（CB）上，Cr-TiO_2 可以表现出良好的吸收可见光的能力。通过火焰喷雾热解（FSP）技术[37] 也成功地将 V^{4+} 离子掺入 TiO_2 中。

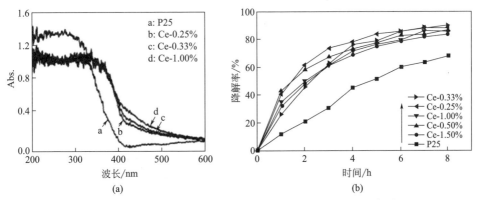

图3-11 具有不同 Ce 离子掺杂浓度的 Ce-TiO_2 样品的 UV-VIS 吸收光谱（a）和具有不同 Ce 离子掺杂浓度的 Ce-TiO_2 样品降解亚甲基蓝的曲线（b）

3.2.3.3 共掺杂

不同元素共掺杂的 TiO_2 光催化剂大部分情况下可复合不同元素掺杂的优点，

例如形成缺陷、增加表面酸度等，可明显提高光催化剂的光催化活性和对可见光的利用率。共掺杂是现阶段研究最多的体系，主要是通过共掺杂方式调控二氧化钛光催化材料体系的带隙、降低空穴和光生电子复合速率等方面，以此增加二氧化钛的光催化效率，掺杂的方式有金属元素掺杂、非金属元素掺杂和金属/非金属共掺杂。例如，刘娟[38]成功制备了 C、N 共掺杂 TiO_2，发现共掺杂后的 TiO_2 带隙更窄，具有良好的可见光催化性能。B、N 共掺杂也是一种有效提高 TiO_2 光催化活性的方式，采用密度泛函理论进行验证，发现引起 TiO_2 光催化性能提升的原因是 B、N 在 TiO_2 表面形成了 Ti-B-N 结构；Liu 等[39]利用溶胶凝胶法制备了 F 和 Sn 共掺杂的 TiO_2 光电极材料，并通过 XRD 表征可知[图 3-12（a）]，所有样品均显示出良好的结晶度，并在 25.8°、36.9°、37.8°、38.6°、48.0°、53.9°、55.1°和 62.7°处有相同的衍射峰，分别为（101）、（103）、（104）、（112）、（200）、（105）、（211）和（204）晶面，所有衍射峰由锐钛矿 TiO_2（JCPDS 21-1272）产生。与纯 TiO_2 相比，FTS 的（101）衍射峰没有偏移，这表明由于掺杂 Sn^{4+}（0.069 nm）的离子半径大于 Ti，Sn 在 TiO_2 晶格中没有取代 Ti^{4+}（0.0606nm）。Sn 应作为 SnO_2 簇的主要化学形式存在，并均匀地分散在 TiO_2 微晶中，F 和 Sn 掺杂后没有杂质衍射峰，表明掺杂过程对 TiO_2 的晶型没有影响。通过 UV-Vis 光谱[图 3-12（b）]可知，F、Sn 共掺杂可有效拓展 TiO_2 的可见光吸收区域，使 TiO_2 光催化剂具有可见光催化的能力。杨志怀等[40]采用第一性原理赝势平面波方法计算了 Co-Cr 单掺杂以及 Co-Cr 共掺杂金红石型 TiO_2 的能带结构、态密度和光学性质，计算结果发现 Co-Cr 共掺杂的跃迁强度大于 Co 掺杂及 Cr 掺杂，说明 Co-Cr 共掺杂更能增强电子在低能端的光学跃迁，具有更佳的可见光催化性能。

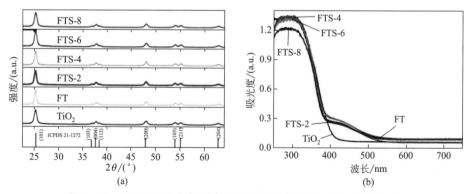

图 3-12 FT 和 FTS 光电极材料的 XRD 图（a）和 UV-Vis 图（b）

3.2.3.4 窄带隙半导体耦合

窄带隙半导体耦合本质上是一种半导体材料对另外一种半导体材料的修饰，

通过半导体材料耦合，很容易调整半导体的带隙和光谱吸收范围，其半导体结构主要有混合、核壳及叠层等。目前已成功制备了多种具有高催化活性的复合半导体，比如 ZnO/TiO_2、CdS/TiO_2 和 Bi_2S_3/TiO_2 等光催化剂。这些复合半导体能够有效降低 TiO_2 的光生电荷复合率，在分解水、降解有机污染物以及光伏器件领域中都有潜在的应用价值。同时，半导体耦合也被认为是一种开发高可见光活性催化剂的方式，可以弥补单个组分的缺点，有效分离光生电荷和提高光吸收的稳定性。

在半导体复合领域，研究较多的是核壳结构复合半导体材料。例如，核壳结构的 $BiFeO_3/TiO_2$ 复合半导体材料，能够将 TiO_2 的光吸收范围扩展至可见光区域。与单纯的 $BiFeO_3$ 和 TiO_2 相比，该复合半导体在可见光照射下具有更高的光催化性能[41]。在可见光催化领域，CdS 是一种具有理想禁带宽度的半导体（2.4eV），但其在水环境中易发生光腐蚀。然而，制备核壳结构的 TiO_2/CdS 复合物，既可以提高 TiO_2 的可见光催化活性，又能够解决 CdS 的光腐蚀问题[42]。

Tian 等[43] 成功合成了具有微球形态的 $BiOI/TiO_2$ 异质结，大部分 $BiOI/TiO_2$ 呈现出花瓣状微球结构，直径约为 500nm，TiO_2 颗粒紧密堆积在 BiOI 纳米片的表面上（图 3-13），随着 TiO_2 含量的增加，BiOI 纳米片上覆盖的 TiO_2 颗粒越多。花瓣状微球结构的 $BiOI/TiO_2$ 异质结具有较大的比表面积，有利于污染物分子的

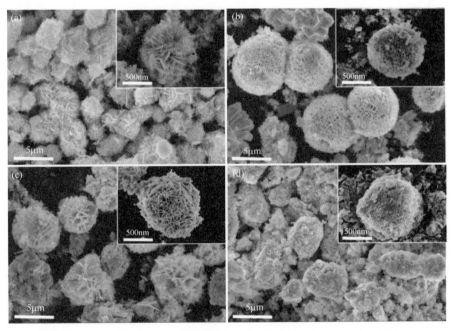

图3-13　BiOI 和 BiOI/TiO_2 异质结的 FESEM 图（a）BiOI；（b）BOIT-1；
（c）BOIT-2；（d）BOIT-3

吸附。通过罗丹明 B 的降解可知，BiOI/TiO$_2$ 异质结具有良好的光催化性能，可见光催化 2h 后 RhB 的降解率可达 91%，其主要原因是 BiOI 可降低光生电子 - 穴对的复合率。

3.2.3.5 贵金属沉积

在 TiO$_2$ 表面沉积贵金属元素（Ag、Au、Pt 或 Pd 等）也可以提高 TiO$_2$ 的光催化性能，这主要是由于贵金属元素 e$^-$ 的捕获作用，促进了光催化剂表面 e$^-$ 的转移。研究者在以 Pt 作为催化剂的研究过程中发现，O$_2$ 同时进行两个反应过程：4 电子传输途径 [式（3-42）] 及 2 电子传输途径 [式（3-43）]，这两种反应都可以有效促进光生电子的传输。

$$4H^+ + O_2 + 4e^- \longrightarrow 2H_2O \tag{3-42}$$

$$O_2 + 2H^+ + 2e^- \longrightarrow H_2O_2 \tag{3-43}$$

Falconer 等[44] 在 TiO$_2$ 表面沉积 Pt，可以捕获光生 e$^-$，从而提高其界面光生 e$^-$ 的传递速率。朱荣淑等[45] 采用浸渍法制备 Pt/TiO$_2$ 光催化剂，研究其在 365nm 紫外光下光催化去除溴酸盐（BrO$_3^-$）活性及 Pt 负载量、煅烧温度、pH、溶解氧、有机物等因素对其光催化去除 BrO$_3^-$ 活性的影响，结果表明 PtCl$_4$ 光敏化的作用显著提高了 TiO$_2$ 光催化去除 BrO$_3^-$ 活性，最优 Pt 负载量为 0.01%；Pt/TiO$_2$ 最优煅烧温度为 400℃；BrO$_3^-$ 去除率随 pH 降低而快速增加；溶解氧及有机物乙醇都抑制了 Pt/TiO$_2$ 光催化去除 BrO$_3^-$，并且 Pt/TiO$_2$ 光催化去除 BrO$_3^-$ 表现为一级反应动力学。

Seery 等[46] 报道了具有高可见光催化活性的 Ag 修饰 TiO$_2$，他们认为 Ag 修饰 TiO$_2$ 催化性能的提升主要是由于 Ag 的 e$^-$ 捕获作用。黄瑞宇等[47] 采用溶胶 - 凝胶法制备银掺杂二氧化钛光催化剂，以甲基橙为模拟污染物，研究催化剂的光催化活性。实验结果表明：银掺杂二氧化钛提高了二氧化钛在紫外光和可见光下的光催化活性；当 Ag 掺杂量为 1.00%、煅烧温度为 450℃、催化剂用量为 0.05g 时，银掺杂二氧化钛光催化剂在可见光条件下降解 4h 后，降解率达到 92.57%，是纯二氧化钛的 4.51 倍；紫外光条件下降解 2h 达到 84.54%，是纯二氧化钛的 2.27 倍。Ag 沉积 TiO$_2$ 的可见光吸收机理见图 3-14。

3.2.3.6 染料敏化

染料敏化光降解有机污染物的原理是基于染料分子可吸收可见光，使 e$^-$ 从高电子轨道激发跃迁至低电子轨道，并转移到 TiO$_2$ 的导带中去，拓展了 TiO$_2$ 的可见光吸收范围。而染料本身转化为阳离子自由基（图 3-15），具有了氧化催化

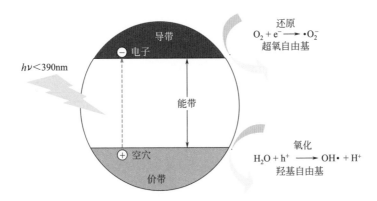

图3-14 Ag沉积TiO$_2$的可见光吸收机理[48]

能力。TiO$_2$作为接受e$^-$的介质，将e$^-$从敏化剂转移至TiO$_2$表面，注入的e$^-$可以与分子氧反应形成·O$_2^-$和HO$_2$·，这些活性粒子还可以发生歧化反应形成具有强氧化性的OH，使TiO$_2$也具备了催化氧化能力。在敏化改性过程中，由于敏化剂产生的e$^-$的寿命非常短（ns），要求半导体与敏化剂之间结合非常紧密。同时，由于以染料为主的敏化过程中，染料一般都存在自敏化降解反应，同时在污水体系中，染料也是一种污染物，会与水体中其他的污染物质存在竞争反应而被消耗。为保证反应持续进行，需定期补充染料，但此类方法不具有实用价值。

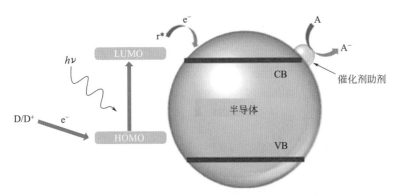

图3-15 染料敏化TiO$_2$催化剂催化反应机理[49]

3.2.4 光催化材料的制备方法

光催化工艺一般比较简单，主要由辐射光源、光催化材料及反应器等组成，其中光催化材料最为重要。根据光催化材料的使用方式可将其分为颗粒材料（微粒）和负载材料。以悬浮体系（颗粒材料）作为应用面一般只研究材料合成方法本身，例如纳米光催化反应，而以负载体系为主的方法除了需要考虑材料合成方

法外，还需要考虑将光催化材料负载并固定在基底材料上，也可以将二者进行综合考虑，一次性获取稳定高效的光催化材料。

对于以颗粒材料为主的光催化材料，应用比较广的方法有溶胶-凝胶法、水热法、共沉淀法等，现在对上述几种方法做一个说明和比较。

3.2.4.1 溶胶-凝胶法

溶胶-凝胶法（sol-gel）常用于制备纳米复合材料，主要包括两个过程（图3-16）：第一个过程是在溶剂中溶解纳米材料前驱体，经过水解反应生成单体，单体聚合形成溶胶。第二个过程是溶胶经过进一步化学反应而生成凝胶，凝胶经干燥及后处理后制备出所需的纳米材料。溶胶-凝胶法包括的主要反应如下：

（1）水解反应

$$M(OR)_n + xH_2O \longrightarrow M(OH)_x(OR)_{n-x} + xROH \tag{3-44}$$

（2）聚合反应

$$—M—OH + HO—M— \longrightarrow —M—O—M— + H_2O \tag{3-45}$$

$$—M—OR + HO—M— \longrightarrow —M—O—M— + ROH \tag{3-46}$$

图3-16 溶胶凝胶法流程

溶胶-凝胶法的主要优点有：

① 具有高混合性和均匀性。所用原料和掺杂元素被均匀分散，可在分子层面上保障产物的均匀掺杂。

② 反应条件要求低。一般条件下仅需要较低的合成温度，对设备条件要求低。

③ 可通过控制反应物种类和反应条件调整纳米材料的颗粒尺寸、表面形态和多孔结构。

溶胶-凝胶法的主要缺点有：

① 反应时间及制备周期相对较长，常需要几天或几周。

② 微孔溶剂逸散，会造成产物收缩，同时会造成污染。

③ 反应过程涉及大量过程变量，操作要求相对较高。

④ 作为光催化薄膜制备方法时，膜的厚度和均匀性很难控制。

溶胶-凝胶法由于合成工艺相对简单，在实验室被广泛用于制备各种元素掺杂的光催化剂及薄膜材料。王婷等[50]用溶胶-凝胶法将不同的金属离子（Fe^{3+}、Cu^{2+}、Pb^{2+}）掺杂进 TiO_2，得到了改性纳米 TiO_2，此类 TiO_2 的电子-空穴对增多，光催化性能明显提高。掺杂 Cu^{2+}、Fe^{3+}、Pb^{2+} 的 TiO_2 的荧光峰强度都有所提高，尤其是掺杂 $0.1\%Pb^{2+}$ 的 TiO_2 荧光峰的强度超过了 2000。掺杂改性可以降低光催化剂 TiO_2 的电子 - 空穴对的复合率，从而提高光催化活性。并且，紫外 - 漫反射光谱（DRS）反映出掺杂对纳米 TiO_2 利用太阳光能力有影响，纳米 TiO_2 掺杂金属离子后，紫外 - 可见光谱响应范围拓宽，对太阳光的利用率提高。肖循等[51] 用溶胶 - 凝胶法在玻璃基片上制备了均匀透明的 TiO_2 薄膜，并以苯酚的降解反应为模型，研究了纳米 TiO_2 薄膜的光催化活性，结果表明薄膜晶粒大小为 23.0nm，呈锐钛矿型，沿（101）晶面具有择优取向性；10h 内苯酚的降解率为 66%，苯酚光催化降解反应符合一级动力学规律。闫盼盼等[52] 利用溶胶 - 溶剂热技术制备了锐钛矿型 Yb 掺杂和未掺杂 TiO_2 纳米粒子，以亚甲基蓝（MB）溶液在紫外光和可见光照射下的光催化脱色率评价其光活性，研究了溶剂热温度、Yb 掺杂量和焙烧温度对样品光活性的影响。研究发现，低量 Yb 掺杂不仅显著提高 TiO_2 的紫外光活性，也明显提高其可见光活性。Yb 掺杂调整 TiO_2 带隙内部电子分布状态，有效抑制光生 e^--h^+ 复合，提高量子效率；且增加表面羟基，增大比表面积，改善表面结构特性，致使紫外光活性提高。

3.2.4.2 水热法

水热合成法是指在密闭反应釜中进行的非均相反应。水热合成法可制备金属氧化物和复合氧化物等多种材料，在光催化纳米材料和薄膜制备中有着广泛的应用，其主要工艺流程如下（图 3-17）：

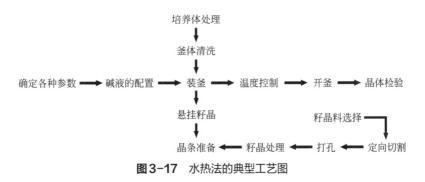

图 3-17 水热法的典型工艺图

与其他方法相比，水热法的主要优点有：

① 制备条件一般为自发压力、100～200℃温度范围，反应条件相对温和；

② 可通过调节反应条件控制微粒晶体的结构、形态及纯度等，晶体具有晶种完整、颗粒均匀及团聚少等优点；

③ 可合成介稳态或其他特殊状态的新化合物，并能进行均匀掺杂。

与其他方法相比，水热法的主要缺点有：

① 水热法一般只能制备氧化物粉体；

② 水热法需要高温高压步骤，使其对生产设备的依赖性比较强，这也影响和阻碍了水热法的发展；

③ 粉体晶粒物相和形貌与水热条件有关，所用的反应介质也会对其形貌有影响；

④ 水热法存在一定的安全隐患，加热时密闭反应釜中流体体积膨胀，能够产生极大的压强，存在一定的安全隐患。

水热法对设备的要求相对较低，合成工艺也相对简单，在实验室被广泛用于制备各种金属氧化物掺杂的光催化剂及薄膜材料。黄文迪等[53]采用一步水热法合成具有高效光催化活性的 Co-BiVO$_4$ 纳米复合材料。通过研究发现 Co 是以氧化物的形式负载在 BiVO$_4$ 的表面，并且复合材料的可见光吸收带发生了红移。该研究利用亚甲基蓝（MB）作为目标污染物，以可见光作为光源考察不同材料的光催化性能。结果表明，Co-BiVO$_4$ 复合光催化剂的催化活性明显高于纯 BiVO$_4$。当 Bi 和 Co 的复合比为 2：1 时，Co-BiVO$_4$ 的光催化活性最高，与纯 BiVO$_4$ 相比光催化反应速率提高了 4 倍。董如林等[54]采用水热法，以钛酸四正丁酯及氧化石墨烯（GO）为原料，在水性体系中合成了一系列具有不同 GO 质量分数的 TiO$_2$/GO 复合光催化剂。结果表明，分散的钛酸四正丁酯以多分子层的形式吸附到氧化石墨烯的表面，最后在水热过程中转化为锐钛型 TiO$_2$ 粒子。当氧化石墨烯的质量分数低于 3% 时，产物中含有纯 TiO$_2$ 微球及 TiO$_2$/GO 复合物；当氧化石墨烯质量分数大于 5% 时，产物为单纯的 TiO$_2$/GO 复合物。并且，GO 复合后，TiO$_2$ 电极中载流子的传输效率提高。氧化石墨烯复合量为 10% 时，复合光催化剂显示了对亚甲基蓝最佳的光催化活性。当复合氧化石墨烯转化为石墨烯后，其光催化活性可得到进一步的提高。

3.2.4.3 共沉淀法

化学共沉淀法是把沉淀剂加入混合后的金属盐溶液中，使溶液中含有的两种或两种以上的阳离子一起沉淀下来，生成沉淀混合物或固溶体前驱体，过滤、洗涤、热分解，得到复合氧化物的方法。共沉淀法的典型工艺图如图 3-18 所示。

图 3-18 共沉淀法的典型工艺图

共沉淀法可通过控制溶液中的化学反应直接得到化学成分均一的粉体材料，其主要缺点集中于操作过程之中：例如沉淀剂的快速加入可能会使局部浓度过高，产生团聚或组成不够均匀；陈化时间如过长可能会引起后沉淀，使产品的纯度下降；操作过程中从共沉淀、晶粒生长到沉淀的漂洗、干燥、煅烧的每一阶段均可能导致颗粒长大及团聚体的形成，导致粉体材料不均匀。共沉淀法是制备含有两种或两种以上金属元素的光催化剂复合氧化物超细粉体的重要方法。陈丹[55]利用 Sn^{4+} 和 Sb^{3+} 在水解过程中共沉淀，均匀地沉积在二氧化钛超细粉颗粒表面成膜，再将表面成膜的二氧化钛在一定温度下煅烧，使 Sb^{3+} 成为 Sb^{5+} 取代 Sn^{4+} 形成缺陷固溶体，由 Sb^{5+} 提供载流子制成二氧化钛超细导电粉。其工艺流程如图 3-19 所示。

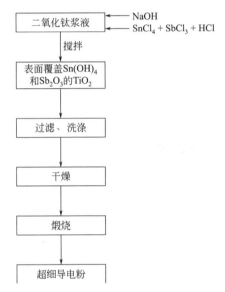

图3-19 二氧化钛超细导电粉制备工艺流程图

3.2.4.4 以薄膜体系为光催化剂的制备方法

以薄膜体系为光催化剂的制备方法主要包括化学气相沉积法、静电纺丝法和阳极氧化法，这几种方法都是在载体基质上一次成膜，不需要再经过烧制。

（1）化学气相沉积法

化学气相沉积是反应物质在气态条件下发生化学反应，生成固态物质沉积在加热的固态基体表面，进而制得固体材料的工艺技术。它本质上属于原子范畴的气态传质过程，是制备光催化薄膜的重要方法，与之相对的是物理气相沉积。化学气相沉积为材料的气相生长方法，是将一种或几种含有构成薄膜元素的化合

物、单质气体通入放置有基材的反应室，借助空间气相化学反应在基体表面上沉积固态薄膜的工艺技术。其主要步骤包含（图3-20）：

① 形成挥发性物质；

② 把上述物质转移至沉积区域；

③ 在固体上发生化学反应并产生固态物质。

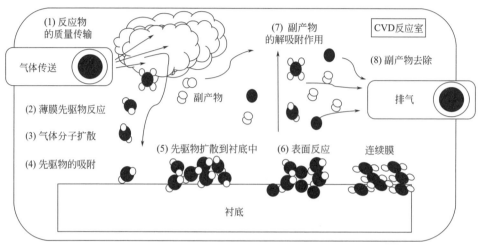

图3-20　化学气相沉积典型过程

优点：

① 设备简单，操作维护方便，灵活性强，既可制备金属膜、非金属膜，又可按要求制造多种成分的合金、陶瓷和化合物镀层；

② 化学气相沉积法可以通过对多种原料气体的流量调节，能够在相当大的范围内控制产物的组分，从而获得梯度沉积物或者得到混合镀层；

③ 可在常压或低真空状态下工作，镀膜的绕射性好，形状复杂的工件或工件中的深孔、细孔都能均匀镀膜；

④ 由于沉积温度高，涂层与基体之间结合好，经过化学气相沉积法处理后的工件，即使用在十分恶劣的加工条件下，涂层也不会脱落；

⑤ 涂层致密而均匀，并且容易控制其纯度、结构和晶粒度。

缺点：

① 化学气相沉积法通常需要较高的沉积温度，一般在700～1100℃范围内，许多材料都经受不住这样的高温；

② 沉积层通常具有柱状晶结构，不耐弯曲；

③ 沉积膜中会残留一些气体，影响材料的性能；

④ 在沉积温度下，反应物必须要有足够高的蒸气压，并且反应的生成物除了所需的沉积物为固态薄膜外，其余都必须是气态。而沉积薄膜的蒸气压应该足够低，以保证在整个沉积反应过程中，沉积的薄膜能维持在具有一定温度的基体上。

郭彦文等[56]用常压化学气相沉积法镀 TiO_2 薄膜，以紫外灯为光源，对二氯乙酸和三氯乙酸溶液进行光催化降解。结果表明：卤代度以及不同的半导体化合物底物均对二氯乙酸和三氯乙酸溶液的降解有影响，卤代度低的二氯乙酸比卤代度高的三氯乙酸降解效果要好；同样条件下，半导体的带隙能越低，降解效果越好。相同条件下，有机物卤代度越低，光催化降解效果越好。带隙能较低的半导体化合物其光催化效率较高。李新娟等[57]用化学气相沉积法制备单层石墨烯，并以石墨烯和硅作为催化表面，通过表面增强拉曼散射技术研究了对硝基苯硫酚（4NBT）分子的表面催化反应。结果表明，单层石墨烯具有良好的光催化性能。在石墨烯基底的催化作用下，4NBT 分子耦合成 DMAB 分子，而硅基底表面不能发生反应。

（2）静电纺丝法

静电纺丝是一种特殊的纤维制造工艺，聚合物溶液或熔体在强电场中进行喷射纺丝。在电场作用下，针头处的液滴会由球形变为圆锥形（即"泰勒锥"），并从圆锥尖端延展得到纤维细丝，这种方式可以生产出纳米级直径的聚合物细丝。静电纺丝法主体工艺过程如图 3-21 所示。

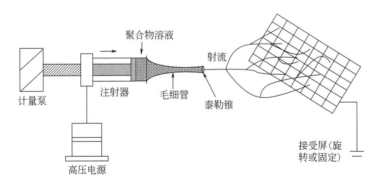

图3-21 静电纺丝法主体工艺流程

优点：

① 静电纺丝法工艺过程简单，成本低，收集到的纤维直径小且比较均匀；

② 静电纺丝法是目前唯一能够直接、连续制备聚合物纳米纤维的方法；

③ 静电纺丝法所得纳米纤维具有比表面积大、孔径小、空隙率高、超细直径（50～1000nm）等优点；

④ 静电纺丝法可使用的材料很广泛，高聚物溶液或熔体、高聚物与其他有机或无机材料的混合物等都可以作为静电纺丝法的原材料。

缺点：

① 制得的纳米纤维质量较难控制，产量较低，生长方向较难控制，并且溶液的黏度、溶质的分子量、溶剂的挥发性、环境的温度和湿度对纺丝都有影响；

② 制得的纳米纤维（膜）结构、性能等的表征还没有固定或准确的方法和工具并且大多数纤维均是以无纺布的形式得到的，限制了它的应用范围；

③ 目前，制备较高取向度纤维的效果并不是很理想，还不能实现规模化生产。

杨如诗等[58]使用静电纺丝技术制备 $BiFeO_3$，通过调节纺丝前驱体浓度和热处理温度优化产物，使用 X 射线衍射仪（XRD）和扫描电镜（SEM）等对样品进行表征，其后对产物进行光催化测试。研究发现，随着热处理温度的升高 $BiFeO_3$ 晶体的生长趋于完整，杂相逐渐减少，但过高的温度会破坏样品的一维结构。最终在 600℃制取出了含极少量杂相的 $BiFeO_3$ 纤维。从 SEM 图可以看出，$BiFeO_3$ 样品质地均匀，呈串珠状，直径在 100nm 左右。在可见光催化下，经 600℃热处理的 $BiFeO_3$ 样品 3h 对亚甲基蓝的降解率可达 90% 以上，催化性能最优。

魏晋军等[59]采用静电纺丝法制备了不同 Y 掺杂量的 ZnO 纳米材料，与纯 ZnO 样品相比发现，Y 掺杂 ZnO 样品具有更为疏松的晶体结构；Y_2O_3 晶粒与 ZnO 晶粒实现了较好的融合；Y 掺杂能够提高 ZnO 晶体中的电子施主缺陷的浓度；光催化降解实验表明，Y 掺杂对提高 ZnO 的光催化性能有积极的作用，是一种有效的材料改性手段。

（3）阳极氧化法

阳极氧化是将金属或合金的制件作为阳极，采用电解的方法使其表面形成光催化氧化物薄膜。金属氧化物薄膜改变了表面状态和性能，如表面着色、提高耐腐蚀性、增强耐磨性及硬度、保护金属表面等。阳极氧化法作为制备薄膜和纳米管的主要方法之一，被广泛应用于光催化材料制备领域。胡亚微等[60]采用阳极氧化法制备 TiO_2 纳米管阵列，并经过在 10% 尿素溶液中浸渍提拉、保护气中煅烧的方法制得具有可见光活性的 $g-C_3N_4/TiO_2$ 复合光催化剂。实验结果表明，可见光照射 120min 后，浸渍时间为 6h 的 $g-C_3N_4/TiO_2$ 复合物对亚甲基蓝的降解效果最好，降解率可达到 73%，表现出优异的可见光催化活性。

雷锐等[61]利用阳极氧化法和水热法，在纯铁片衬底上制备 Fe_2O_3/ZnO 复合纳米管阵列薄膜。研究发现，Fe_2O_3 纳米管阵列垂直生长于基底表面，管内径为 40～80nm，ZnO 纳米棒均匀附着在 Fe_2O_3 纳米管阵列表面，平均直径为 100nm 左右，且 ZnO 的负载没有影响到 Fe_2O_3 纳米管阵列的晶体结构。并且当阳极氧化时间为 450s、水热反应时间为 1.5h 时，制得的 Fe_2O_3/ZnO 纳米复合结构对亚甲基蓝的光降解率达到 85%，在可见光下具有较高的光催化活性。

阳极氧化法制备薄膜的工艺相对成本较高，制备过程有污染风险，这在一定程度上限制了其工业化应用。

除此之外，还有在光催化粉体材料制备基础上进行二次成膜工艺，其中首要解决的为载体材料。选择光催化载体时，必须综合考虑各方面的因素，例如光催化活性、负载牢固性、使用寿命及价格等，主要负载材料有金属类、玻璃陶瓷类、多孔吸附材料（例如活性炭等）及高分子聚合物等。相对而言，玻璃陶瓷类的负载材料具有价格便宜、材料易得、良好的生产塑形等突出优点，可以作为理想的载体，同时，在量产和工业化应用方面也将具有突出优点，以生产为导向的光催化研究，也应当主要以此类载体作为重要的研究方向。粉体材料成膜方法与光电催化类似，将在后续内容中进行阐述。

3.2.5　光催化工艺的应用研究

3.2.5.1　污水处理

以光催化作为主体工艺降解实际的污水，主要还是处于实验室研究阶段，这主要受制于光催化材料的应用特点、光催化工艺的持续性及有效性、光催化工艺的经济性等方面。现在就以下几种情况做个概述。

（1）染料废水

染料废水具有色度高、成分复杂等特点，很多的污水处理工艺利用化学混凝法对染料废水进行预处理后直接进入生化池进行处理。以光催化作为主体工艺处理染料废水主要以实验室的实验研究为主，极少有涉及中试以上规模的应用。大部分的研究以实验室配比的染料废水作为光催化工艺处理的对象，可参考的文献特别多。例如张芳佳等以 ZIF-8 为中间体通过液相法制备了纳米 ZnO，并对其进行稀土 Ce 掺杂，研究发现，稀土 Ce 的掺杂对 ZnO 的光催化活性产生了显著影响，其中 ZnO-1%Ce 的光催化活性最佳。掺杂 Ce 改善了 ZnO 的表面状态，有利于产生更多的表面羟基，从而提高光催化活性，但过多的 Ce 会抑制 ZnO 的光催化性能[62]。

（2）化工废水

大部分化工废水属于难降解废水，其可能的高盐及生物毒性会影响微生物

生长。在实验室范围内，研究人员以化工废水的中间体或化工原料作为降解物研究光催化材料的性能，表征光催化活性。例如胡秀虹等[63]以钛酸丁酯为原料，制备出 TiO_2 光催化材料，并以苯酚废水为模拟目标降解物，研究表明制得的 TiO_2 光催化剂在 300W 汞灯照射下，当苯酚初始质量浓度为 50mg/L、初始 pH=7、光照距离为 11cm 时，对苯酚的降解率较高，处理效果较好；赵帅等[64]采用过饱和浸渍法制备了 β-TiO_2/SBA-15 复合分子筛催化剂，实验结果表明，β-TiO_2/SBA-15 同时兼具微 - 介双孔孔道结构，活性组分 TiO_2 高度分散在催化剂表面，在 β 分子筛加入量为复合分子筛总质量的 20%、TiO_2 负载量为 10%、焙烧温度 500℃、焙烧时间 3h 条件下制备的催化剂重复使用 6 次依然具有很高的脱硫率；师艳婷等[65]采用撞击流 - 旋转填料床辅助沉淀法和溶胶 - 凝胶法制备了具有磁性核壳结构的 Fe_3O_4/SiO_2/TiO_2 颗粒，制备的 Fe_3O_4/SiO_2/TiO_2 纳米光催化剂表现出较高的光催化活性和磁性能，紫外光照射 2h 后，苯酚水溶液降解率高达 86.7%。

（3）医药废水

部分医药废水中含有的医药单体或医药品，诱发生物细胞基因突变，对生物单体产生副作用，进而会影响微生物群落，对生态系统造成损害。现有的实验室研究主要以医药单体或医药品作为目标对象，展开了医药废水的研究。例如张好等[66]采用一步水热法制备了磁性尖晶石型 $FeMn_2O_4$/CF 复合材料，作为可见光催化剂进行制药废水的催化降解，通过研究发现，催化剂用量为 30mg，在溶液 pH 值为 6～7 条件下加入 10 mg/L 的磺胺溶液进行反应，在可见光照射 120min 后，降解率可达 80% 以上。杨状等[67]针对选矿废水中残留的有毒有害丁基黄药，通过水热法制备出一种高效复合型光催化材料 $BiVO_4$/ZnO。结果表明：$BiVO_4$ 与 ZnO 按质量比 25% 复合的光催化材料 $BiVO_4$/ZnO 对丁基黄药模拟废水具有强降解效果，降解率最高可达 96.00%。冯奇奇等[68]通过水热法制备了可见光下响应的光催化剂 $ZnIn_2S_4$，研究了水中痕量医药类物质双氯芬酸的光解和光催化降解效果与降解途径。研究发现，$ZnIn_2S_4$ 能够在可见光条件下持续产生羟基自由基用于降解双氯芬酸，反应 5h 的降解率达到 98%，比光解反应提高了 7%。

（4）农药废水

农药毒性大、成分复杂、难生物降解，农药废水是处理难度非常大的污水，也非常希望采用一些新工艺的应用。采用光催化工艺研究农药废水，已获得大量的科研数据。例如张闵等[69]采用溶胶 - 凝胶法制备 TiO_2 光催化剂，利用太阳光照射下催化降解敌百虫废水为模型反应。研究发现，催化剂最佳焙烧温度为 500℃、焙烧时间为 2h，催化剂的用量为 4g/L，有机磷的初始浓度为 4mg/L。

在该反应条件下，反应 90min 后，纯 TiO_2 在太阳光下对敌百虫溶液的降解率为 91.8%，COD 降解率为 76.6%。王菊等 [70] 以 $TiCl_4$ 为钛源，苯甲醇、叔丁醇或异丙醚为氧供体，采用非水溶胶凝胶法低温制备纳米 TiO_2 粉末，以毒死蜱和乐果为目标降解物，研究了所制备的纳米 TiO_2 的光催化性能。研究结果表明，以苯甲醇为氧供体制备的样品，其光催化活性与 DegussaP25 商品 TiO_2 相当，反应 140min 毒死蜱和乐果的消失率分别为 92.4% 和 75.7%，降解率分别为 52.1% 和 42.7%。

3.2.5.2 消毒应用

光催化工艺的杀菌消毒效果明显。黄利强等 [71] 研究发现纳米 TiO_2 对大肠杆菌、嗜水气单胞菌和鳗弧菌有光催化抑杀性能，当纳米 TiO_2 质量浓度为 0.1g/L 时，在紫外灯下催化 2h 杀菌率可达 98%，在日光下催化 2h 杀菌率可达 96%。光催化杀菌效果与纳米 TiO_2 的质量浓度和作用时间有关，质量浓度过低或作用时间过短时，杀菌效果均不理想；质量浓度过高时，催化剂未能得到充分利用，当纳米 TiO_2 质量浓度达 0.1g/L、作用时间达 2h 时即可取得良好的杀菌效果。同时，光催化也具有良好的病毒灭活效果。林章祥等 [72] 的研究结果表明，400℃时焙烧的 TiO_2 对 H1N1 的灭活性最好；TiO_2 的表面电性对灭活性有显著影响；TiO_2 对 H1N1 的光催化灭活作用首先发生在 H1N1 的纤突部分，纤突部分的破坏导致 H1N1 的失活，分解直至矿化。

3.2.5.3 去除重金属

随着经济的发展，水体中重金属污染越来越严重。重金属污染主要来源于蓄电池、化石燃料、冶金、矿山、金属电镀、农药以及化肥等行业 [73]。由于重金属能够以生物富集的形式进入人体，在人体中会引发高血压、自身免疫障碍等疾病，严重者会致癌、对身体功能器官造成损害甚至会导致死亡 [74]。目前，水体重金属污染的治理方法主要有：化学沉淀法、电化学法、离子交换、超滤、吸附及膜处理技术等 [75]。以光催化作为重金属处理方法还主要在实验室研究阶段，例如 Zhao 等 [76] 将纳米 TiO_2 颗粒附着在氧化还原石墨烯表面，从而制备了 $rGO-TiO_2$ 纳米复合物，用于研究水中 Cr(Ⅵ) 的去除，结果表明，在光照下条件下，$rGO-TiO_2$ 纳米复合物能够将高毒的 Cr(Ⅵ) 还原成低毒的 Cr(Ⅲ)，从而达到了去除 Cr(Ⅵ) 的目的。Lu 等 [77] 构造了用于消除 UO_2^{2+} 污染物的高效非金属光催化剂。实验表明在可见光条件下，利用硫脲作为前驱物合成的 C_3N_4 对 UO_2^{2+}（0.6mmol/L）的光催化效率是纯 $g-C_3N_4$ 的 1.86 倍。此外，Lu 等 [78] 还使用 B 掺杂 $g-C_3N_4$ 从而构建出高效的光催化剂 $B-g-C_3N_4$（B1,2,3-$g-C_3N_4$ 分别代表作为元

素 B 前驱物的 H_3BO_3 占 $g-C_3N_4$ 的比例为 0.5%、1%、1.5%），用来还原重金属 UO_2^{2+}。研究表明，在掺杂的过程中形成的 B-C-N 结构能够有效调节催化剂的能带宽度，这也促使了 $B2-g-g-C_3N_4$（0.1g）对 UO_2^{2+}（0.6mmol/L）的光催化还原效率是纯 $g-C_3N_4$ 的 2.54 倍。

3.3
电催化反应

电催化法，又称为电解法或电化学法，是指利用电极电解过程的电化学反应净化污染物和回收有用物质的方法。作为一种高级氧化技术，电催化法具有以下优点：①以电能作为驱动，一般条件下不需要添加其他物质，反应最终产物为二氧化碳和水，避免了二次污染的可能；②反应条件相对温和，不需高温高压条件，对反应设备的要求也比较低；③操作简单，参数设置可随工艺状况及时进行调整；④反应过程兼备气浮、絮凝及消毒等综合作用。电催化法不仅可作为污水单独工艺进行设计使用，同时也可作为前置处理或后续补充工艺使用。

电催化法或电解法在工业上应用比较成熟和广泛，例如氯碱工业、湿法冶金工艺、电镀行业等，各个行业对电解的工艺参数和设备的要求也不一致。相对而言，用于水处理行业的要求是最低的，但对于成本较敏感。电催化法从首次用于金属回收开始，已经经历了 80 多年的发展。相对其他的水处理工艺而言，其发展相对缓慢，主要原因有：①电极的稳定性及经济性协调统一（主要指惰性的阳极，以钛或贵金属为主的材料稳定性较好，而在成本上受限，只能在一些特殊行业中使用）；②以牺牲阳极为主的电催化法更换电极比较频繁，维护上相对比较烦琐；③电氧化的适应性不高，对分子量小的污染物处理效果不明显；④抗水质冲击负荷低，水体中电解质的种类和含量对电催化反应影响比较明显；⑤产生析氯等一些负面影响。

虽然电催化法在实际使用过程中存在不同的问题，然而，电催化法对大分子类物质的开链反应、提高难降解污染水体的 B/C、促进胶体物质团聚、捕获微细悬浮固体等方面有着良好的效果，在一些特殊行业中有着良好的应用前景。

3.3.1 电催化反应原理

如图 3-22 所示，电催化反应主要包括三个方面：阳极反应、阴极反应和极板间的介质反应。其各个区域主要反应过程分述如下。

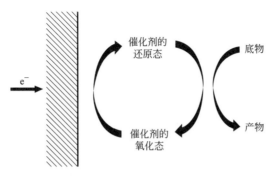

图3-22　电催化反应示意图

3.3.1.1　阳极反应

阳极反应一般情况下指的是阳极表面及表面溶液区域内的反应。其中，作为高级氧化技术，关注最多的是阳极上的催化氧化反应，这也是电催化法处理有机类污染物的关键所在。阳极上的催化反应随电极种类不同，主要分为两种：一种是以金属氧化物、惰性金属或石墨类等惰性电极为主的表面催化反应；另外一种是以Fe、Al等为主的牺牲电极催化反应。

（1）惰性阳极表面催化反应

在以惰性电极为阳极的电解系统中，主要氧化过程分为直接阳极氧化和间接阳极氧化两个部分。吸附于阳极表面的有机污染物通过电子转移而被降解，也就是直接阳极氧化。直接阳极氧化与电极种类（如金属氧化物的价态和形态）、污染物种类和浓度等因素相关。一般而言，为保证污水处理设施高效运行，用于污水处理的操作电压都比较高，会超过水体中的析氧反应所需电压，同时，从整个催化反应的总量而言，阳极表面能吸附的有机污染物相对有限。从这两方面来看，有机污染物通过直接阳极氧化在整个电催化体系中占比相对较少，更多的反应是与电解质、析氧或析氯过程、电解过程电荷传递的间接催化氧化相关。

与其他文献阐述不同，笔者认为由电化学反应过程中产生的所有氧化活性基对有机物的反应和氧化都属于间接氧化过程。在电催化过程中产生的主要活性粒子有·OH、O_3、·O_2^-（超氧阴离子自由基）、H_2O_2、·ClO、Cl_2等，其主要产生过程如下所示。

① OH 发生反应：

$$H_2O \longrightarrow \cdot OH + H^+ + e^- \tag{3-47}$$

$$2NH_3 + 6 \cdot OH \longrightarrow N_2 + 6H_2O \tag{3-48}$$

$$有机物 + \cdot OH \longrightarrow CO_2 + H_2O \tag{3-49}$$

② 活性氯发生反应：

$$2 \cdot OH \longrightarrow H_2O + \frac{1}{2}O_2 \tag{3-50}$$

阳极：

$$Cl_2 + H_2O \longrightarrow HOCl + H^+ + Cl^- \tag{3-51}$$

溶液中：

$$HClO + NH_3 \longrightarrow NH_2Cl + H_2O \tag{3-52}$$

$$HClO + 2NH_2Cl \longrightarrow N_2 + 3HCl + H_2O \tag{3-53}$$

$$HClO + NH_2Cl \longrightarrow NHCl_2 + H_2O \tag{3-54}$$

③ 臭氧发生反应：

$$3H_2O \longrightarrow O_3(g) + 6e^- + 6H^+ \tag{3-55}$$

$$O_2 + H_2O \longrightarrow O_3(aq) + 2e^- + 2H^+ \tag{3-56}$$

④ H_2O_2 发生反应：

$$O_2 + e^- \longrightarrow \cdot O_2^- \tag{3-57}$$

或

$$\cdot O_2^- + H^+ \longrightarrow HO_2 \cdot \tag{3-58}$$

$$2HO_2 \cdot \longrightarrow H_2O_2 + O_2 \tag{3-59}$$

$$\cdot O_2^- + HO_2 \cdot \longrightarrow O_2 + HO_2^- \tag{3-60}$$

$$HO_2^- + H^+ \longrightarrow H_2O_2 \tag{3-61}$$

在一般的污水处理中都伴随存在活性氯氧化反应，这主要是因为 Cl^- 在水体中普遍存在。在很多的电催化反应器外部，都可以闻到刺鼻的消毒水味，很多就是由于氯气逸散产生的。目前主要从工艺和操作角度出发去解决电催化反应过程中由氯气逸散所产生的环境问题。

有关其他氧化活性粒子的反应与光催化等高级氧化技术类似，这里不作赘述。

（2）溶解阳极表面催化反应

溶解阳极或者牺牲阳极是指以 Fe、Al 等金属或其金属氧化物制备形成的电极，在极板电压作用下，Fe 或 Al 以金属离子形态从电极板上析出从而被消耗 [式（3-62）～式（3-64）]。从理论来讲，排在 H 之后的金属作为阳极在极板电压下都可以从极板上析出到溶液中，在水处理行业，溶解阳极用得最多的材料为 Fe 和 Al。

$$Fe \longrightarrow Fe^{3+} + 3e^- \tag{3-62}$$

$$Fe \longrightarrow Fe^{2+} + 2e^- \tag{3-63}$$

$$Al \longrightarrow Al^{3+} + 3e^- \tag{3-64}$$

与惰性阳极不同，在溶解阳极表面除了能发生直接和间接电催化外，主要反应为阳极的溶解反应。大量的金属离子析出，扩散至溶液中，与溶液中 OH^- 发生反应，形成絮体。同时，由于阴极反应的进行，有部分氢气析出，对絮体产生气浮作用，这就是电絮凝和气浮作用的来源。

$$Fe^{3+} + 3OH^- \longrightarrow Fe(OH)_3 \tag{3-65}$$

$$Al^{3+} + 3OH^- \longrightarrow Al(OH)_3 \tag{3-66}$$

$$2H^+ + 2e^- \longrightarrow H_2 \tag{3-67}$$

与传统絮凝剂投加方式不同，电絮凝作用中混杂着电催化氧化作用，能显著地破坏有机大分子物质。电场作用改变胶体电荷平衡导致胶体失稳，其电絮凝中对絮凝离子（Fe^{3+}、Fe^{2+}、Al^{3+} 等）的浓度要求也没有那么高。换言之，利用电絮凝方法絮凝可降低 Fe、Al 在水体中的投加量，这也是减少絮凝污泥的一种有效方式。

以 Fe 为主的溶解阳极在反应过程中还伴随着电芬顿反应的进行，电芬顿反应主要利用电化学过程持续不断产生的 H_2O_2 和 Fe^{2+}，这两种物质是电芬顿反应发生的必要条件。

$$Fe^{2+} + H_2O_2 \longrightarrow Fe^{3+} + \cdot OH + OH^- \tag{3-68}$$

为了利用电芬顿反应产生的 $\cdot OH$，将溶解阳极中所需的两种必要粒子（H_2O_2 和 Fe^{2+}）的产生路径进行优化，并配合反应器条件，在难降解有机污染物的处理方面进行应用。

3.3.1.2　阴极反应

对阴极反应利用最多的就是电镀行业。在水处理行业，阴极反应主要有利用其强还原性对卤素化合物进行卤素脱除和水体中重金属元素的回收两个应用方面。

$$2H_2O + 2e^- + M \longrightarrow 2(H)_{ads}M + 2OH^- \tag{3-69}$$

$$R-X + M \longrightarrow (R-X)_{ads}M \tag{3-70}$$

$$(R-X)_{ads}M + e^- \longrightarrow R-M + X^- \tag{3-71}$$

如上所示，脱卤过程其实就是卤素原子得到一个电子变成卤素离子从分子中脱离出来，卤素原子所在位置被氢原子取代的一个过程。伴随着卤素脱除，卤素化合物生物毒性将降低，使电催化反应具有了解毒作用，这也是电催化反应阴极反应很重要的一个应用方面。

而重金属回收其实就是溶液中的重金属离子在阴极表面沉积的过程，如下面方程式所示：

$$M^{n+} + ne^- \longrightarrow M \tag{3-72}$$

在这里，有关重金属沉积比较有意思的一个方面：很多的重金属离子在水体中都是有特征颜色的，与氢氧根是存在浓度积的，也就是氢氧根在一定阈值范围内（或者一定的 pH 范围内），绝大部分的重金属离子都会以氢氧化物从水体中沉淀出来。以重金属使用比较多的电镀行业而言，例如以 Cu 和 Ni 为主的电镀废水来说，有时候重金属离子浓度可达到 5000mg/L 以上，由于在电镀过程中添加了大量的络合剂，添加大量石灰或碱液都不能使 Cu^{2+} 和 Ni^{2+} 沉淀下来。而使用电催化工艺中以惰性电极为主的电极进行氧化后，可以明显看到电镀废水颜色变浅直至无色。其实这中间不仅仅发生了重金属离子的沉积反应，更重要的是在阳极表面先进行的破络反应，通过间接氧化破坏了络合物质的分子结构，使重金属从络合物中解离出来，随后才在阴极中析出。而以牺牲阳极为主的电极反应中，去除此类重金属的效果要差很多。

3.3.1.3 极板间的介质反应

极板间的介质，其实就是污水，也是一种电解质。·OH 等自由基在水体中存在时间非常短，其反应一般发生在极板表面及表面水体中，此外，有很多的间接氧化反应伴随着活性粒子的析出，发生在这层介质之中；溶解阳极中发生的电絮凝及气浮反应也主要发生在这里。

介质反应还有一个比较重要的方面是胶体脱稳，即在电场作用下，水体中的胶体电荷重新排布，胶体电荷平衡被破坏，导致胶体凝聚。同时，输出的活性粒子也会对胶体分子产生攻击，导致化学变化，而使胶体失稳。

3.3.2 电催化材料与器件

一套典型的电催化设备由电源、导线、阴阳电极及电解池组成，根据设备器件组成，科学家和工程师们从电催化的各个环节进行了系统研究。

3.3.2.1 直流电源

半导体行业的发展对直流电源的发展起了很重要的作用。现有市面上的直流电源产品基本上能满足电催化工艺所需，直流电源主要面临的问题是如何增加电能转换率和减少电源发热。一般以采用交流转直流（AC-DC）的开关电源为主，对于功率较小的负载（如 5kW 内）多采用单相交流 AC220V 输入，功率较大的负载则采用三相交流 AC380V 输入；根据水质特点输出电压则为 1~24V。根据工艺特点，可采用恒流、恒压或脉冲电源。

电催化工艺中选用比较多的电源为恒流电源和恒压电源，其中，恒流电源用于污染物催化氧化比较多，而恒压电源用于胶体破稳和电絮凝比较多。脉冲电源用于有机污染物浓度较高的水质，电极表面具有较好的抗污染效果。

3.3.2.2 电极材料

在电催化工艺中，电极不仅起着电流传递的作用，而且还对有机物氧化降解起催化作用，电极材料的选择直接会影响电催化的效率，对电极材料的研究是电催化工艺中最重要的一环。

阳极材料主要分为惰性电极和溶解电极，对惰性电极的研究明显比溶解电极多，主要原因为惰性电极在氧化性方面比溶解电极强。对阳极材料的研究主要围绕着如何提高阳极的稳定性、提高活性粒子的转化效率、增加电极板的接触面积、减小氯中毒概率等方面。石墨电极、贵金属电极、金属氧化物电极等惰性电极各有优势。本节也主要从惰性电极材料的研究方面进行叙述。

石墨电极主要以石油焦、沥青焦为骨料，煤沥青为黏结剂，经过原料煅烧、破碎磨粉、配料、混捏、成型、焙烧、浸渍、石墨化和机械加工而制成的一种耐高温石墨质导电材料，是在电弧炉中以电弧形式释放电能对炉料进行加热融化的导体，称为人造石墨电极（简称石墨电极），以区别于采用天然石墨为原料制备的天然石墨电极。根据其质量指标高低，可分为普通功率、高功率和超高功率等类型。其主要优点有：

① 易抛光，可加工性好，加工速度快，制造成本低；

② 重量轻，可减轻反应器负载。

石墨电极由于石墨本身的分子结构问题，长时间浸泡在溶剂中，在电流作用下，容易出现石墨剥离的现象，需要定期进行更换，这是石墨电极操作上必须面对的问题。

贵金属电极，顾名思义，就是以贵金属作为主要材料制备的电极，包括 Pt、Ti 等。贵金属材料常用于制作电化学和电子学电极，按其功能和使用的领域可分为：金属（合金）电极材料、涂层电极材料和多孔气体扩散电极材料。贵金属电极的主要特点就是电极成本很高，一般很少规模化用于水处理行业，却有不少用于实验室研究的报道。与贵金属高成本的特点相比，金属氧化物电极材料以其高容量、低成本、适合商业化的发展等优点，得到了人们的广泛关注。但研究发现，过渡金属氧化物电极材料也存在一些问题，主要是在充放电过程中，电极体积会发生较大的变化，这将导致电极粉化，破坏其与集流体的良好接触，从而使

电池容量明显降低；并且电阻率较大，使得电池的倍率性能变差，限制了其不能进行很好的快速充放电。通常，采取纳米化处理、掺杂和表面修饰的方法，解决上述的不足之处。

而对阴极材料，在金属沉积方面，一般选用需要回收的同种金属作为阴极，以有利于金属材料的回收。在其他电催化工艺中，主要考虑的是阴极材料的稳定耐用性能及经济性。选用贵金属材料作为阴极，可以提高阴极中自由电子的迁移效率，促进整个电解反应的进行。其实际应用还是取决于经济性，以惰性材料（如石墨等）或不锈钢等金属材料作为阴极材料成为实际应用的主流。

在牺牲阳极的电催化工艺中，也有将阴阳极材料做成一致的。在操作过程中，通过改变阴阳极的电极属性，获得更长的电极更换时间，以减少电催化工艺的更换操作次数，可降低运行成本。

3.3.2.3 电极对结构

与实验室使用结构不同，实际应用过程电解池中的电极对主要分为两种结构：

第一种是传统的电解池结构，如图 3-23 所示。在电解池内，电极对单独存在，可以是背靠背、卷芯或者其他的一些结构形式，这种结构一般用于高电压的电解催化过程。用于惰性电极的居多，极板间距相对较宽，主要适用于高浓度高电导率废水的电解催化氧化工艺。

第二种结构由多片电极按照阵列方式排布，极板间距相对较窄。阳极可以是惰性电极，也可以是牺牲阳极。这种结构一般用于低电压大电流的电催化过程居多，适用于中低电导率废水的处理。

还有一种电极结构为三维电极。不同于普通的电极结构，三维电极主要是通过增大电极比表面积，增加其对水体污染物的吸附面积，从根本上改变传统电极直接氧化占比较少的情况。由于其面积比较大，物质传质得以极大改善，单位时空产率和电流效率均得以显著提高，尤其对低电导率废水，其优势更是明显。三维电极可分为单极性电极、复极性电极和多孔电极。

3.3.2.4 其他的配套设施

在电催化氧化过程中，大分子经过氧化、絮凝、团聚，变成污泥。尤其是在牺牲阳极的电解池内，由 Fe^{3+}、Fe^{2+}、Al^{3+} 裹挟的污泥更多。这部分污泥会从水体中气浮至电解池表面（图 3-24），在电解池表面形成污泥层。为保证电解池有效运行，一般这种条件下都会在电解池内配置刮泥设备。同时部分未曾上浮的污泥会沉入电解池底部，这种情况一般设置污泥斗，进行周期性排泥即可。

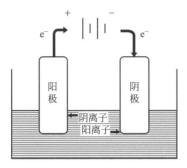

图3-23 传统电解池结构

图3-24 电催化过程

随着传感和自控技术的发展，可根据现场需求，合理配置与电解工艺相关的传感器，并通过水质参数的变化快速调整包括电压、电流等在内的工艺参数，这也是电催化工艺智能化发展的必然要求。

此外，与电催化相关的还有以氨氮和高浓有机物去除为目的的铁碳微电解。即通过在污水中投加铁碳小球，在内部形成微电池，达到氨氮和高浓有机物去除的目的。

半导体技术的发展也给电催化技术带来了新的机会。以太阳能光伏电池为驱动的新型太阳能电催化设备也在快速发展，其主要应用于地表水处理。方便进行分布式处理实施的安装应用，大幅降低了工程安装和运行的成本，具有良好的发展前景。通过构建太阳能电催化设备，让其在水体中长时间运行，达到污染治理的目的。

3.3.3 电催化的应用研究

电催化工艺作为一种处理工艺，在水处理及物料回收行业中有着良好的应用。下面对已有的研究应用进行简介。

3.3.3.1 污水处理

（1）印染废水

印染废水成分复杂、浓度高、颜色深，其中包含未反应完的原料、中间体、反应副产物等，它们毒性大，难降解的成分多，用常规方法如生化处理、混凝脱色、吸附脱色等工艺难以得到满意的结果。以电催化为主的电化学氧化法在处理印染废水方面表现了突出的优势。但是印染废水中高浓度的悬浮物和胶质固体可以阻止电化学反应，使反应不易进行完全，能耗增大。Kim 等[79] 设计的流化床生物膜 - 化学絮凝 - 电化学氧化组合工艺，COD 去除率可达到 95.4%，色度去除率为 98.5%。曾植等[80] 采用一种新型电化学体系阴阳极同时作用降解甲基橙，

以电还原氧气产生 H_2O_2 的炭 / 聚四氟乙烯（C/PTFE）气体扩散电极为阴极，Ti/IrO_2/RuO_2 电极为阳极，廉价的涤纶滤膜作为隔膜。研究结果表明：适当的曝气有利于甲基橙的降解；甲基橙脱色率随电流密度的增加而升高；初始 pH 对甲基橙的脱色效果有一定的影响。在电流密度 $46mA/cm^2$、曝气速度 30mL/s、电解时间 60min 时，脱色率可以达到 100%，COD 平均去除率可达到 80%。

（2）化工废水

电催化对污水中的氨氮具有不错的处理效果，主要涉及的是活性氯对氨氮的氧化。例如王家宏等[81]在研究电催化氧化氨氮降解过程中，发现电流密度、氯离子浓度、pH、硫酸根对氨氮的降解影响较大。并且发现采用低电压、低电流电解低浓度氨氮废水具有良好的可行性。

（3）医药废水

崔丽等[82]采用电催化氧化法处理抗生素制药废水，分别考察电极类型、反应时间、电流密度和进水 pH 值对处理效果的影响。实验结果表明，采用钌铱电极作为阳极，电流密度 $10mA/cm^2$，在不调节废水 pH 值的条件下，反应 2h，对抗生素制药废水的 COD（Cr）去除率达到 59.3%，氨氮的去除率达到 20.5%，有效提高了废水的可生化性。

（4）渗滤液

渗滤液处理属于水处理行业的行业难点问题，渗滤液中污染物种类多、毒性强、含盐量高，普通的生化处理工艺根本不足以处理此类污水。现有主流工艺主要是膜工艺，通过超滤、纳滤及反渗透等对渗滤液进行浓缩后再处理，建设费用和运行费用很高。电催化氧化可以将垃圾渗滤液中的氨氮有效去除，对于较难降解的有害物质进行降解，便于后续物理化学的污水净化处理。滕厚开等[83]采用浸渍法制备了 RCE，分别用 RCE 和纯石墨电极对高氨氮垃圾渗滤液生化出水进行电催化氧化实验。当电流为 15A、极板间距为 1.5cm、pH 值为 7、反应时间为45min、废水体积为 1 L 时，RCE 对废水中氨氮的去除率可达 98%，COD 去除率达到 88%，与纯石墨电极相比原去除率分别提高了 50% 和 40% 左右。石墨烯对石墨电极的电催化氧化过程具有明显的促进作用。

3.3.3.2 重金属回收

电化学或电催化在重金属回收中应用是非常广泛的，这主要脱胎于电化学法在冶金方面的应用实践。例如顾瑞等[84]以铜冶炼废水为实验对象（图 3-25），水体中主要污染物为 Cu、As、Pb 及 Cd 等，通过电化学处理，结果发现处理效果良好。

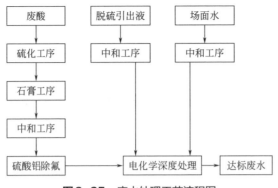

图 3-25　废水处理工艺流程图

电催化法处理重金属废水，能实现废水的处理和重金属的资源化，降低废水处理成本。其中电絮凝、电解气浮、重金属电沉积都是常用的处理重金属废水方法。徐灵等[85] 分析了各种处理技术的优缺点，优选了一种膜技术与电化学的组合工艺，即胶束强化超滤（MEUF）- 电解法处理重金属废水。即利用超滤过程净化浓缩废水、电解过程回收重金属的方法，真正实现了废水回用、重金属回收、节能降耗等多重目的。

3.4
光电催化反应

光电催化（PEC）反应，是指同时以光能和电能作为驱动的催化技术，通过电容极板表面的催化材料施加电场和光照。阳极催化材料吸收电能和光能后在其表面形成电子 - 空穴对，与水体内的氧气反应后形成高活性氧、羟基自由基等，可将水体内的有机物氧化，改变其分子结构或进一步分解成无机物（水 + 二氧化碳），氯离子等氧化为次氯酸、氯气等。对于结构较稳定的苯、酚类分子可催化氧化为毒性较小的链状分子。在电场作用下，阴极表面则会沉积出重金属、钙离子、镁等化合物和固体。同时因处理装置采用电容结构，阴阳基板表面会产生微气泡，使得经电场作用聚合的有机大分子（聚合物）、胶体（数十纳米可溶性的固体微粒）等与水分离。在电（光）场和电极材料的催化作用下，可有效去除水中重金属、钙离子、镁离子，并氧化或分解有机物和氯离子等，降低水中的COD、色度、浊度、氨氮含量等。PEC 技术可用于传统生化水处理的前期处理，以提高水的可生化性。也就是经 PEC 处理后，可有效降低水中对微生物有毒性

的重金属、钙离子、镁离子、氯离子，苯、酚类有机分子，胶体、氨氮等含量，使得生化处理的效率显著提高。另外，生化处理后的水质若不能达标，PEC技术可进一步进行深度处理，使得处理后的水质达标或回用。

根据施加电场的大小，PEC可以分为以电催化为主和以光催化为主的光电催化。以电催化为主的光电催化，可用于高浓度污水的处理；而以光催化为主的光电催化，可用于低浓度污水的深度处理。

3.4.1 光电催化反应原理

光电催化属于一种特殊的光催化，与传统光催化的不同点在于：传统光催化只需利用光能，无外加的电场（电源），传统光催化的器件结构可以更加多样化。光电催化与电催化器件结构类似，区别主要是电极除了利用电源提供必要的电场外，还需增设受光面，光电催化反应是一种光电耦合的催化反应。相对传统光催化和电催化而言，光电催化（PEC）的催化效率有了明显提升。图3-26为F-TiO$_2$电极对亚甲基蓝的降解数据图，其中电催化（EC）中的偏压和光催化（PC）中的光照条件与PEC一致，从图中可明显看出，PEC的催化效率最高，对亚甲基蓝的处理效果最好。

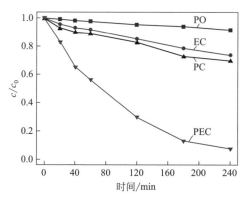

图3-26 F-TiO$_2$电极对亚甲基蓝的降解数据图

在光电催化工艺中，在电场（偏压）的作用下，由光催化产生的光生电子被驱赶至反向电极（阴极）上，减少了自身光生电子和空穴复合的数量，增加了参与氧化反应的空穴数量。在电场作用下，由光辐射产生的光生电子源源不断地被驱赶至阴极上而消耗，这就是整个光电催化的工艺过程（图3-27）。

以光催化为主体的光电催化反应原理与光催化类似，分为直接光催化（h$^+$直接氧化）和间接光催化（活性物质氧化）；而以电催化为主体的光电催化反应原

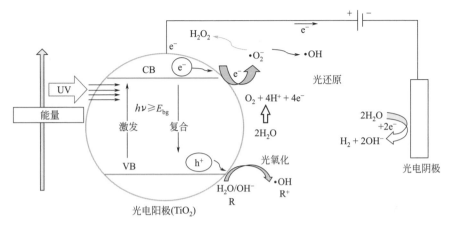

图3-27　光电催化原理图

理，除了直接光催化和间接光催化外，还有由于电场存在的电催化氧化（与惰性电极的催化氧化相关），也包括吸附在光阳极表面的直接电催化氧化和由电子传输生成的活性粒子的间接电催化氧化。活性物质（例如·OH 和 h$^+$）在 PEC 反应中起重要作用，它们是由 PEC 反应过程中产生的，其主要过程如式（3-73）～式（3-78）所示。

$$FTS + h\nu \longrightarrow h^+ + e^- \tag{3-73}$$

$$h^+ + H_2O \longrightarrow H^+ + \cdot OH \tag{3-74}$$

$$h^+ + OH^- \longrightarrow \cdot OH \tag{3-75}$$

$$2e^- + O_2 + 2H^+ \longrightarrow H_2O_2 \tag{3-76}$$

$$e^- + O_2 \longrightarrow \cdot O_2^- \tag{3-77}$$

$$H_2O_2 + \cdot O_2^- \longrightarrow \cdot OH + OH^- + O_2 \tag{3-78}$$

根据施加电场电压大小不同（一般以极板电压 1.5～2V 进行区分），当电压在 1.5V 以下时，电催化效果就不那么明显，电场主要作用为分离光催化中产生的空穴和光生电子，使更多的空穴参与到催化氧化过程中来（就是前面所讲述的以光催化为主的光电催化，而当电压超过 2V 以后，电催化就会慢慢占主导，变成以电催化为主的光电催化了）。以光催化为主的光电催化工艺中（图 3-28），偏压并非越大越好，也非越小越好。偏压太小的条件下空穴和光生电子对不能有效分离，光催化效果达不到最佳；而偏压过大导致 Hector Helmholtz 双电层和空间电荷再分配，光生载流子数量减少。而在实际光电催化技术应用过程中，一般

设置的电压都会超过 1.5V，其主要原因是：一个是导线与极板接触电阻和电解池内电阻的消耗等；另外一个很重要的原因是增加光电催化池的污染处理负荷。随着高电压（一般情况都会小于 12V）的设置，除去分离空穴和光生电子对的作用外，由于阳极上存在析氧或析氯反应，导致光电催化反应随操作电压升高向以电催化作为主体的催化反应进行。然而从研究的角度去看，一般认为的光电催化都是以光催化为主的光电催化，所施加的电压只是偏压，其主要目的是为了能更加有效地分离空穴与光生电子，提高光催化系统的效率。

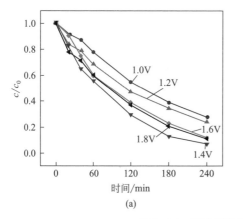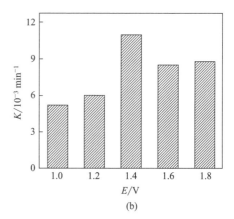

图3-28 以光催化为主的光电催化工艺

在光催化反应机理中，一直存在一个争议：由光催化过程产生的空穴是否直接参与了物质的氧化过程。有的研究认为光催化氧化主要是由空穴引发的包括·OH 在内的活性粒子对有机物质攻击引发的氧化过程；也有研究认为是空穴和活性粒子参与了光催化过程中有机物的氧化。笔者在对亚甲基和苯酚等降解过程的研究中，通过在反应中添加各种活性粒子淬灭剂，证明了亚甲基蓝主要是通过 h^+ 和·OH 进行降解的，而·OH 所占的比重最大。且通过对苯酚的降解研究进一步证实了上述观点。同时还发现，不同条件制备的光电极，主要活性粒子的降解所占比重变化不大（图 3-29）；不同污染物（苯酚）浓度条件下，主要活性粒子的降解所占比重变化不大（图 3-30）。

采用与传统光催化实验一样的模型，即 Langmuir-Hinshelwood（L-H）动力学模型，对不同浓度条件下的污染物进行光电催化研究（图 3-31），发现污染物在电极表面的降解过程是遵循先吸附后降解的规律的。污染物在电极表面降解的决速步骤在于污染物的吸附。大部分的光电极比表面积都不是很大（相对污水处理负荷而言），故在光电极制备工艺中要尽可能提高光电极的比表面积。

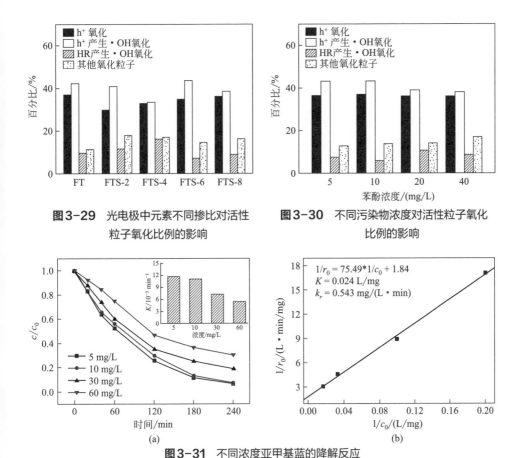

图 3-29　光电极中元素不同掺比对活性
粒子氧化比例的影响

图 3-30　不同污染物浓度对活性粒子氧化
比例的影响

图 3-31　不同浓度亚甲基蓝的降解反应

从上述活性粒子降解比例变化不大的结果中，分析了诸如亚甲基蓝、苯酚及水分子等在水体中随 pH 变化的水解规律。在光阳极和阴极之间，pH 是从光阳极往阴极附近减小的，也就是越靠近阳极，溶液中的 OH^- 的浓度越高。在高 pH 条件下，反过来会影响苯酚和亚甲基蓝的水解，两者在阳极附近将有更多的水解，有更多的离子参与到光催化反应中来，并且 OH^- 的浓度呈现规律性的变化，这些只是电场作用下离子的迁移；由于阳极表面是带正电荷的，根据异性相吸的原理，阴离子形态的 OH^-、亚甲基蓝离子或苯酚离子也容易被牵引吸附在阳极表面。前面已经说过这三种离子在电极表面附近的浓度呈现规律性变化，其所被电极吸附的数量也将呈现规律性变化，与光催化产生的空穴碰撞概率也会呈现出规律性变化。也就解释了为何不同条件制备的光电极，主要活性粒子的降解所占比重变化不大这一实验结果。而不同污染物（苯酚）浓度条件下，主要活性粒子的降解所占比重变化不大，如表 3-1 所示，这主要是由于 OH^- 的浓度和苯酚离子浓度呈现规律性变化所致。

$$H_2O \longrightarrow OH^- + H^+ \tag{3-79}$$

表3-1 苯酚离子浓度随pH值的变化计算表

$c(C_6H_5OH)/(mol/L)$	$c(OH^-)/(mol/L)$	$c(C_6H_5O^-)/(mol/L)$
0.531×10^{-4}（5mg/L）	1×10^{-7}（pH = 7）	0.58×10^{-7}（pH = 7）
	1×10^{-6}（pH = 8）	0.58×10^{-6}（pH = 8）
	1×10^{-5}（pH = 9）	0.58×10^{-5}（pH = 9）
1.1×10^{-4}（10mg/L）	1×10^{-7}（pH = 7）	1.21×10^{-7}（pH = 7）
	1×10^{-6}（pH = 8）	1.21×10^{-6}（pH = 8）
	1×10^{-5}（pH = 9）	1.21×10^{-5}（pH = 9）
2.1×10^{-4}（20mg/L）	1×10^{-7}（pH = 7）	2.31×10^{-7}（pH = 7）
	1×10^{-6}（pH = 8）	2.31×10^{-6}（pH = 8）
	1×10^{-5}（pH = 9）	2.31×10^{-5}（pH = 9）
4.25×10^{-4}（40mg/L）	1×10^{-7}（pH = 7）	4.68×10^{-7}（pH = 7）
	1×10^{-6}（pH = 8）	4.68×10^{-6}（pH = 8）
	1×10^{-5}（pH = 9）	4.68×10^{-5}（pH = 9）

3.4.2 光电催化材料与器件

图3-32为光电催化反应系统的原理图，与电催化工艺类似，也是包括一个光电反应池、电源、光阳极和阴极，电催化部分已经对诸如反应池和电源等做过详细的说明，本节中将不再赘述。本节主要与光电催化相关，主要介绍光电催化电极材料，包括材料制备及相应的原理，同时与光催化相关的光电极制备方法也会在本节中做一简单的描述。

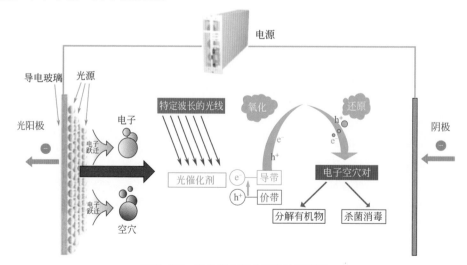

图3-32 光电催化反应系统的原理图

3.4.2.1 光阳极材料

与传统光催化不同的是，光阳极必须具有导电性能，所有围绕光电极的研究都应以此展开。用于光电催化的光阳极一般都为复合电极，主要包括衬底（或称基底）、导电层和活性层（半导体层），对金属电极而言，衬底和导电层有时候是合二为一的。

与光催化薄膜采用的衬底材料类似，光电催化薄膜可选用的材料包括无机玻璃材料和金属材料。与光催化薄膜材料不同的是，光电催化薄膜因采光需要，一般为平面薄膜，衬底需要具备导电功能。需要强调的是，如果以光电催化的产业化导向作为材料选择标准，衬底材料应当具有来源广泛、工艺制备成熟等优点，首选的材料为玻璃。玻璃在工业和民用包括光电器件行业中应用非常广泛。制备电极时可在玻璃表面采用真空沉积法镀一层透明导电薄膜，而且玻璃具有光线的透过性，是一种比较理想的衬底材料。

光电催化薄膜电极（光阳极）的制备方法如下所示：

（1）溶胶-凝胶法

溶胶-凝胶法是最常见的薄膜光电极的制备方式之一，其主要原理和光催化材料制备方法一致，主要包括半导体胶体悬浮液的制备、半导体胶体在导电基体上的涂覆以及薄膜电极的退火等步骤，此方法中半导体前驱体的选择会直接影响半导体薄膜电极的 PEC 性能。Zanoni 等[86]以钛酸异丙酯为 Ti 源，以 Ti 箔为导电基体，采用溶胶-凝胶法制备了 TiO_2 薄膜电极（图 3-33），并以雷马唑橙（浓度为 5×10^{-5}mol/L）为降解对象，评估了 TiO_2 薄膜电极的光电催化性能（0.5mol/L NaCl 溶液为电解液）。此外，还研究了不同电解质、溶液 pH、外加偏压以及染料浓度对该电极光电催化性能的影响。结果表明，该薄膜电极在紫外光照射下对雷马唑橙表现出了较高的降解效率，并且在以 NaCl 为电解质、溶液 pH 为 6、外加偏压为 1.0V 条件下，降解效率最高。其中，以 NaCl 为溶液电解质表现出最高的降解速率主要是因为在降解过程中，会产生具有强氧化性的活性粒子，例如 Cl_2、$Cl·$ 以及 ·OH 等。

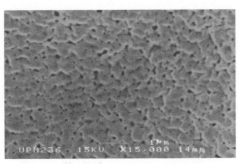

图3-33 溶胶-凝胶法制备的 TiO_2 薄膜电极 SEM 图

溶胶-凝胶法的优点是简便，容易实现，可以通过简单的设备在形状复杂的衬底表面形成各种涂层。同时该方法可以较为容易地改变薄膜的表面结构和性能，并实现薄膜的掺杂改性。溶胶-凝胶法的主要缺点是所制薄膜的孔隙、致密度、晶型、与基体的结合力往往与溶胶的性质以及干燥和煅烧的过程紧密相关，受外界条件影响很大，工业化应用有一定困难。尤其是制备 TiO_2 薄膜时，为了得到合适的晶型、晶相，低温反应后必须经过高温的煅烧过程，这不但增加了整个制备过程的难度，而且容易引起薄膜与衬底结合牢固程度的下降，同时也对薄膜的结构性质有一定的不利影响。

与普通 TiO_2 薄膜电极相比，具有高比表面积的多孔 TiO_2 薄膜电极（图 3-34）具有更高的光电性能。在制备多孔薄膜电极的过程中，通常在 TiO_2 胶体溶液中加入聚乙二醇来作为成孔剂，并且通过反复涂覆还可以精确地控制 TiO_2 薄膜的厚度。该方法制备的 TiO_2 多孔薄膜通常由大小不规则、平均直径为 30～100nm 的团聚颗粒组成。虽然溶胶-凝胶法制备半导体薄膜电极比较简单，但是用该方法制备的半导体薄膜稳定性较差。因为在 PEC 处理过程中，光阳极表面会析出气体，从而使半导体薄膜产生裂纹，导致半导体催化剂的脱落。因此，该缺点也制约了其在实际处理工艺中的应用。

（2）阳极氧化法

阳极氧化法主要原理和光催化材料制备方法一致，研究最多的为 TiO_2 薄膜电极的制备方法。在阳极氧化过程中，预处理后的 Ti 片/箔作为阳极，铂箔或其他材料作为阴极，并将其置于电解液（甘油/水与 H_3PO_4、HF 或 NH_4F 的混合溶液）中，在恒定电压下进行一定时间的氧化。该方法制备的 TiO_2 纳米管薄膜（图 3-35）与 Ti 基体间的连接比较脆弱。当外力作用于 TiO_2 薄膜表面时，TiO_2 纳米管（尤其是较长的 TiO_2 纳米管）很容易倾斜、断裂或从基体上剥落。另外，当外界环境温度变化时，不同的膨胀系数会引起 Ti 基体和 TiO_2 纳米管之间内应力

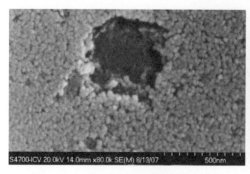

图3-34 溶胶-凝胶法制备的多孔 TiO_2 薄膜电极 SEM 图

图3-35 阳极氧化法制备的 TiO_2 纳米管薄膜电极表面 SEM 图

的产生，也会导致 TiO_2 纳米管的脱落，这将会影响 TiO_2 薄膜电极的机械稳定性以及光生电荷的分离和传输。

（3）化学气相沉积法

化学气相沉积法是一种应用广泛的涂覆技术，主要原理和光催化材料制备方法一致，在 PEC 光电极制备中具有良好的应用前景。如图 3-36 所示，在化学气相沉积法制备 TiO_2 薄膜电极过程中，基体在高温惰性气体氛围中暴露在单一或多组分挥发性 TiO_2 前驱体中。易挥发的前驱体将在基体表面反应或分解，生成所需的薄膜材料。在 TiO_2 薄膜电极的制备中，新的技术也被引入到化学气相沉积法中形成了一些新的方法，主要包括金属有机化学气相沉积法、等离子体增强化学气相沉积法和聚焦离子束诱变化学气相沉积法。其中，金属有机化学气相沉积法具有许多明显的优势：①由于采用较低温度下即具有一定蒸气压的金属有机物作为源物质，因此无需高温即可进行薄膜的制备和掺杂，从而减少了材料的热缺陷和本征杂质含量；②沉积速度精确可控，能达到原子级精度控制薄膜的厚度；③采用质量流量控制器易于控制化合物的组分和掺杂量；④反应势垒低，制备外延薄膜时对衬底的取向要求不高。与溶胶-凝胶法相比，化学气相沉积法制备 TiO_2 薄膜电极的成本较高，但是它制备的电极 TiO_2 涂层与导电基体间的附着性更好，并且该方法可以控制涂层的薄膜厚度以及涂层的结晶度。化学气相沉积法的主要局限性是前驱体的成本较高，并且只适合涂覆表面积较小的基体。此外，基体与 TiO_2 涂层之间不同的热膨胀系数会对沉积的 TiO_2 薄膜产生应力，引起 TiO_2 涂层的机械故障或断裂。

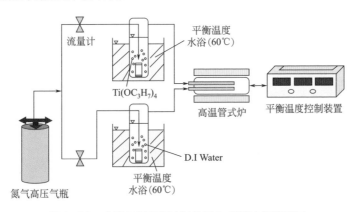

图3-36　化学气相沉积法制备 TiO_2 薄膜电极流程图

（4）磁控溅射法

TiO_2 薄膜电极也可以用磁控溅射法来制备，它是一种基于等离子喷涂工艺的物理气相沉积技术。在磁控溅射制备 TiO_2 薄膜电极过程中，通过在阴极溅射

靶内增加磁极，使所施加的电场和磁场在靶表面附近的空间形成一定几何形状的正交区域，并在此区域内形成高密度的等离子体区。等离子体区中的正离子在直流电压作用下，轰击阴极靶发生溅射，膜材料被溅射到基板上而形成 TiO_2 薄膜。电离等离子体束在磁场作用下能够准确定向地聚焦于基体靶表面。因此，该方法制备的 TiO_2 薄膜具有良好的均匀性和平滑性（图 3-37）。另外，该方法制备 TiO_2 薄膜电极具有膜与衬底结合牢固以及易于控制等优点，从而适合于工业化生产。等离子体中的高能电子能够打破化学键，因而可以降低基片的温度，降低了对基片材料的要求。与化学气相沉积法相比，该方法可以对多种导电基体进行溅射，并且不会发生 TiO_2 涂层的机械故障或断裂。

但是，该方法也存在一些缺点，主要包括：①沉积速度慢使得制备过程更加昂贵；②只能喷涂较小表面积的基体；③ TiO_2 涂层与导电基体间的附着力较低（虽然高于溶胶 - 凝胶法），导致 TiO_2 光阳极的使用寿命较短。因此，该方法还需进一步优化后应用。

（5）原子层沉积法

原子层沉积法是一种基于导电基体暴露于气态前驱体中的薄膜制备技术。在原子层沉积法制备 TiO_2 薄膜电极过程中，气态 TiO_2 前驱体在非重叠脉冲作用下有序地注入导电基体表面。当基体上的所有活性位点被耗尽，涂覆反应结束。该技术可以通过增加沉积的循环次数，使涂层在小面积基体表面上均匀、高精度地生长。该技术不受载体几何结构约束，可应用在平面结构、三维立体结构或多孔结构上，所得薄膜均一、致密且连续无孔。薄膜的组成可在单原子层尺度下进行剪裁，实现原位掺杂。采用该技术制备的纳米 TiO_2 薄膜与底物连接紧密，不易发生脱落，在光催化、太阳电池等领域中都有很好的应用前景。目前，该方法已被广泛应用于 TiO_2 薄膜的制备。例如，Heikkilä 等[87]以 $Ti(OMe)_4$ 和 H_2O 作为

图3-37 磁控溅射法制备的 TiO_2 薄膜　图3-38 原子层沉积法制备的 TiO_2
　　　　电极表面SEM图　　　　　　　　　　薄膜电极表面SEM图

TiO_2 前驱体，以 ITO 导电玻璃为导电基体，采用原子层沉积法制备了 TiO_2 薄膜电极（图 3-38）。该薄膜电极 TiO_2 涂层与导电基体间的附着力高，并对该电极在紫外光照射下对亚甲基蓝具有较高的 PEC 降解效率。Cheng 等[88] 采用了原子层沉积法制备了 TiO_2 薄膜电极，并研究了沉积温度、电极微观结构和其光电化学性能之间的关系。结果表明，TiO_2 催化剂呈金红石和锐钛矿混相，并且晶粒大小受沉积温度的影响。另外，TiO_2 薄膜电极的光电性能随着缺陷密度的增大、晶粒尺寸的减小或金红石相的存在而降低。然而，采用原子层沉积法制备 TiO_2 薄膜电极，制备过程复杂，成本高，不利于 TiO_2 薄膜电极的规模产业化制备。

（6）热喷涂法

液相热喷涂是将制备涂层的前驱体或悬浊液作为喷涂原料进行热喷涂制备纳米结构涂层的工艺技术，将粉末制备和涂层制备合二为一，大大简化了工艺步骤，具有沉积效率高、成本低、受基体限制小等优点。热喷涂法能够合成高质量的 TiO_2 薄膜，并且能够很好地控制薄膜的厚度、孔隙率、粗糙度和硬度等物理性能。在热喷涂法中，等离子体喷涂法是最常见和通用的热喷涂工艺。在沉积过程中，纳米级或微米级前驱体粉体在 6000～15000K 的高温等离子体条件下部分熔化或者完全熔化。通常情况下，在直流电弧中利用 Ar 产生过热等离子体，粉体前驱物在高温等离子体射流的作用下，沉积到基体表面。因此，用该方法可以喷涂大面积的基体。Garcia-Segura 等[89] 报道了以不锈钢片为基体，采用热喷涂法制备了 TiO_2 薄膜电极（图 3-39），该电极对酸橙 7 染料具有较高的脱色效率，经过 120min 的光电催化处理后，该电极对酸橙 7 染料的降解率高达 100%，且该电极具有良好的稳定性和重复性。李威霆等[90] 利用液相热喷涂方法在铝过渡层表面制备纳米结构 TiO_2 涂层（图 3-40），对梯度涂层的组织成分和性能进行表征。结果表明：液相热喷涂工艺能有效地保持原始 TiO_2 粉末的晶型和纳米结构特征。所制备的纳米结构 TiO_2 涂层对亚甲基蓝的降解效率优于商用 P25 涂层，在 1h 内的降解率达到了 70%。

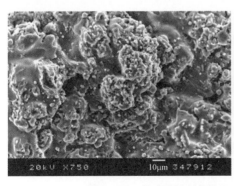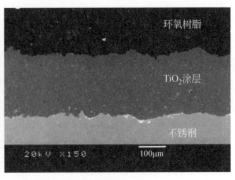

图3-39 热喷涂法制备的 TiO_2 薄膜电极表面和截面 SEM 图

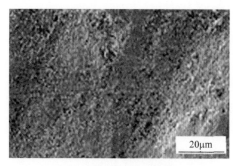

图3-40　热喷涂法制备的TiO$_2$薄膜电极表面SEM图

　　然而，热喷涂技术由于发展的时间较短仍面临诸多问题，特别是喷涂过程中的热量输入导致的锐钛矿向金红石转变的问题难以得到有效解决。另外，在电极制备过程中，TiO$_2$晶粒的大小也难以控制，这严重阻碍了热喷涂技术在TiO$_2$薄膜电极制备中的大规模应用。

　　（7）丝网印刷法

　　丝网印刷是利用丝网印版图文部分网孔透墨、非图文部分网孔不透墨的基本原理进行印刷的。丝网印刷技术具有设备简单、操作方便、印刷制版简易、成本低廉、适应性强、效率高、效果好、易实现大规模连续化操作等优点，适合于制备大面积、平整、均匀、形状多样的TiO$_2$多孔膜，因而被应用于大规模制备太阳电池的工艺方面。丝网印刷技术是将纳米TiO$_2$浆料均匀涂抹在导电玻璃上，经过高温烧结后，得到均匀的纳米多孔TiO$_2$薄膜。丝网印刷中影响膜厚的技术参数包括丝网上感光胶的厚度、刮板的压力、速度、接触角度等，丝网上感光胶的厚度越大，印刷出来的膜厚越大，接触角度越小，速度就越慢，压出的浆料就越多。为了使印刷的效果更好，要求TiO$_2$浆料具有很好的透过性能，而且流动性大、黏度低、附着性能好。将溶胶-凝胶法制得的湿态TiO$_2$，通过充分的脱水后，加入适量的高聚物，充分搅拌、研磨，可得到黏度适中的纳米TiO$_2$浆料，黏度适合的聚合物的选择也极为关键。近年来选择最多的高聚物有聚乙二醇、乙基纤维素等。此外，丝网的目数、张力和性能等也影响TiO$_2$薄膜的质量。目前，丝网印刷技术已被广泛应用到了印刷、电子电路制造以及太阳电池领域中。丝网印刷法是一种非常成熟的制膜方法，可制备厚度为0.1~100μm的膜，特别适合于粉体光催化剂的制备。丝网印刷法制备TiO$_2$薄膜电极的过程包括：TiO$_2$浆料的制备、浆料在导电基体上的印刷以及印刷后电极的退火处理。

　　Liu等[91]利用溶胶-凝胶法制备了具有显著可见光吸收能力的F掺杂二氧化钛。使用丝网印刷法将F-TiO$_2$催化剂浆料刷在FTO玻璃表面，在500℃下烧结得到F-TiO$_2$光电极。通过可见光照射下亚甲基蓝（MB）的降解研究了F-TiO$_2$光电极的 PEC 性能。结果表明，F-TiO$_2$ 光电极表现出优异的 PEC 性能，并且受到 F 掺杂量、外加偏压和溶液 pH 值的影响。FT-15 光电极在可见光照射 4h 后，在 pH 为 9.94、偏压为 1.4V 的条件下实现了 97.8% 的最大脱色率。图 3-41 是制备的 F 掺杂量为 15% 的 FT 光电极的表面和横截面的 SEM 图。根据图中可看出，球形的锐钛矿 F-TiO$_2$ 颗粒固定在 FTO 表面上。FT 薄膜呈现蜂窝状形态，这种多孔薄膜有利于 MB 的吸附。从图 3-41（c）中可看出，FT 薄膜厚度为 14～16μm。

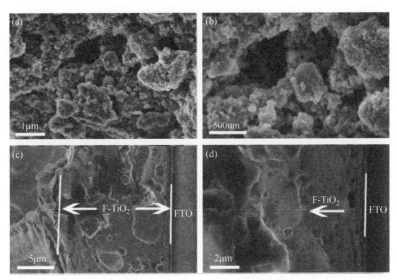

图3-41　FT-15光电极的表面SEM图 [（a）和（b）] 和横截面SEM图 [（c）和（d）]

Liu 等[92] 以 FTO 为催化剂导电基体，采用了丝网印刷法制备了具有多孔形貌的 I-TiO$_2$ 薄膜电极（图 3-42），并且以双氯芬酸为降解对象，测试该电极的光电催化性能。结果表明，在可见光照射下对双氯芬酸具有良好的降解效果。I 掺杂量、外加偏压和溶液 pH 值均是影响 I-TiO$_2$ 薄膜电极光电催化性能的重要因素。I-TiO$_2$ 薄膜电极优异的光电催化性能主要源于 I 掺杂所引起的 TiO$_2$ 可见光吸收能力和光生电荷分离速率的大幅增强。在光电催化降解过程中，双氯芬酸的降解主要发生在薄膜电极表面，并且 h$^+$ 和 ·OH 在双氯芬酸的降解过程中（Na$_2$SO$_4$ 为电解质）发挥着主导作用。当溶液中存在高浓度的 Cl$^-$ 时（NaCl 为电解质），薄膜电极对双氯芬酸的降解速率会明显提升。此条件下，h$^+$ 和 ·OH 不直接参与双氯芬酸的降解，而是氧化溶液的 Cl$^-$ 生成 Cl·，引起双氯芬酸降解的主要活性粒子是 Cl·。

3.4.2.2　器件结构

目前，已有实验室和产业化规模的光电催化装置来对有机废水进行 PEC 处理。PEC 系统本质上是一个带有光电催化阳极、阴极、电源以及光源的电解池。

然而，文献中关于 PEC 系统的报道是多种多样的，例如光源种类（紫外光、可见光和太阳光）和位置（位于电解池内部和外部）的不同。由于 PEC 系统的参数不同，也无法对各文献中报道的 PEC 系统的性能进行对比。PEC 系统可以根据其构成以及隔室和电极的数目进行分类，主要包括单室电解池和双室电解池（在阳极溶液和阴极溶液之间有隔膜）。文献中选用最多的 PEC 系统是单室电解池。不管是单室电解池还是双室电解池，一般是选用双电极或三电极体系。其中，双电极体系包括光电阳极和阴极（在反应过程中具有惰性），以及一个提供恒定偏压或电流的电源。与之相比，三电极体系多了一个参比电极，以对光电阳极提供恒定大小的阳极偏压。

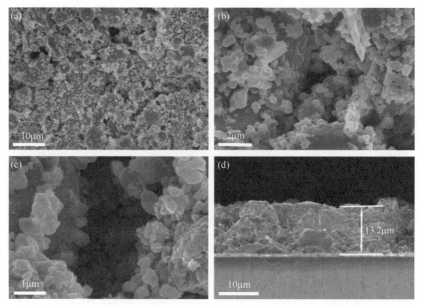

图3-42 I掺杂 TiO_2 薄膜电极的表面 SEM 图 [（a）、（b）和（c）] 和截面 SEM 图（d）

图 3-43 为单室的三电极体系 PEC 系统。如图 3-43（a）所示，该 PEC 系统由一个石英玻璃槽式反应器、紫外光源和稳压电源组成。值得注意的是，这种高能光源也能直接将有机污染物光解。槽式反应器内包含一个 Ti/TiO_2 光电阳极和一个惰性 Cu 阴极，二者平行放置，控制光电阳极电位的参比电极为饱和甘汞电极（SCE）。紫外灯垂直放置在反应器外的双壁 U 形管中，并被循环水包围，以减少灯的发热。该灯提供的紫外光能够穿过石英玻璃壁垂直照射在光催化剂表面，并且无光强度损失。通过对溶液进行磁力搅拌促进有机污染物与光催化剂间的接触。图 3-43（b）为一个相似的三电极 PEC 系统，其光源为内置的恒温氙灯，光电阳极为 $Ti/B-TiO_2$ 纳米管薄膜电极，阴极为惰性 Ni 片，参比电极为 SCE。

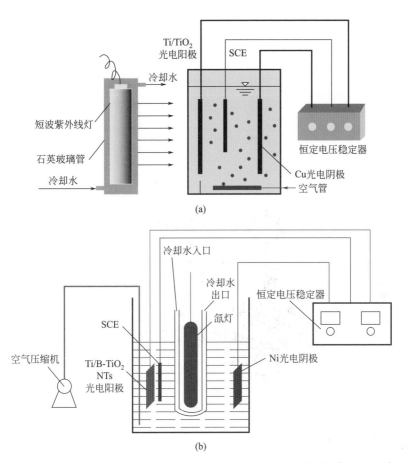

图3-43 单室的三电极体系PEC系统（a）TiO₂薄膜电极降解酸性络蓝7（20mg/L），外部光源[93]；（b）B掺杂TiO₂薄膜电极降解甲基橙（20mg/L），内部光源[94]

图 3-44（a）和图 3-44（b）为两个单室双电极 PEC 系统。Daghrir 等[95]以 Ti/TiO₂ 薄膜电极为光电阳极，并采用图 3-40（a）的排列方式研究了其对盐酸氯四环素的降解情况。罐式反应器由丙烯酸材料和石英窗组成，光源为紫外光。除 Ti/TiO₂ 光电阳极外，还平行放置了一个具有相同尺寸的阴极，阴极材料包括不锈钢、玻璃碳、石墨和非晶态碳。在图 3-44（b）所示的 PEC 系统中，一个 5cm² 的 TiO₂ 光电阳极和一个 3cm² 的碳 - 聚四氟乙烯（PTFE）分别作为光电阳极和阴极。其中，TiO₂ 光电阳极是以不锈钢片为导电基体，并采用等离子喷涂的方法制备而成，而在阴极通过注入空气中的氧来连续产生 H₂O₂。产生的 H₂O₂ 能够直接氧化分解有机污染物，或者产生其他具有强氧化性的活性粒子（例如·OH）参与有机污染物的降解。因此，该 PEC 系统的阴极在有机污染物的降解过程中发挥着重要作用。

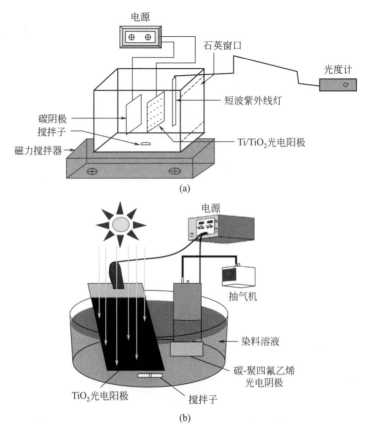

图3-44 以TiO$_2$薄膜电极为光电阳极，并在阴极产生H$_2$O$_2$的单室双电极体系PEC系统在太阳光照射下降解盐酸金霉素[96]（a）和酸性橙7[97]（b）

目前，仅有少量的文献报道了双室PEC系统。图3-45（a）为双室三电极PEC系统降解腐殖酸[98]。左侧槽式反应器的容量为100mL，并采用TiO$_2$薄膜电极和SCE分别作为光电阳极和参比电极。而在右侧反应器中，含有相同的电解液，并以Pt片作为阴极。左右两侧反应器被Nafion 117膜隔开，照射光由外置的氙灯提供。Ding等[99]对比了双室和单室双电极半圆石英玻璃电解池降解罗丹明B的性能，如图3-45（b）所示。左侧PEC系统的光电阳极为Bi$_2$WO$_6$/FTO，阴极为Fe@Fe$_2$O$_3$/ACF（活性炭纤维）。阳极电解液和阴极电解液由饱和KCl盐桥连接。PEC系统的可见光由300 W的金卤灯提供（配有滤光片，$\lambda > 420$nm），并在阴极处注入空气以产生H$_2$O$_2$，使光电催化反应和电芬顿反应相结合。这主要是由于在PEC反应过程中，阴极会析出Fe^{2+}，进而与H$_2$O$_2$发生芬顿反应（式3-80）产生具有强氧化性的·OH。右侧单室反应器则是光电阳极和阴极处于同一电解池中，其余条件与左侧反应器相同。结果表明，双室PEC系统（左侧）对罗丹明

B 的矿化率要远高于单室 PEC 系统（右侧）。这主要是由于在单室 PEC 系统中，有大量的 H_2O_2 会被光电阳极氧化，从而减少了产生的·OH 的数量。

$$H_2O_2 + Fe^{2+} \longrightarrow Fe^{3+} + \cdot OH + OH^- \qquad (3\text{-}80)$$

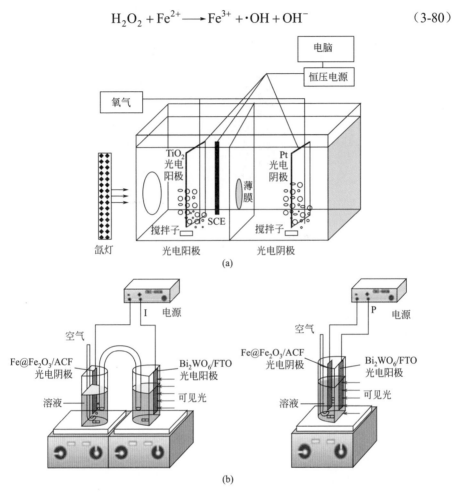

图3-45 PEC系统（a）以TiO_2薄膜电极为光电阳极的双室三电极PEC系统降解腐殖酸（25mg/L）[98]；（b）以Bi_2WO_6/FTO为光电阳极，以Fe@Fe_2O_3/ACF为阴极的双室（左）和单室（右）PEC系统降解罗丹明B（10.44μmol/L）[99]

3.4.2.3 电极对结构

在光电催化过程中，过高的电压会加速光电阳极表面光催化层的老化和脱落。光电催化一般选用的都是低电压条件下的催化反应。与低电压电催化氧化工艺类似，在实际生产过程中，电极对的结构以电极阵列为主，一个光电催化池存在多组的电极对（或称电极模组）。将光催化电极按正、负排布为阵列组成多组极板模组（图3-46），极板可通直流电，电压一般在 1～12V，电流密度一般在

$0.1\sim10\mathrm{mA/cm^2}$。也可在涂敷有催化材料的电极表面加 LED 光源照射，光电耦合应用具有较高的催化氧化效率。极板模组放入反应箱内，可进行间隙式批次处理；也可采用流动式处理，一般水的流向与基板表面平行。

图3-46　催化电极阵列模组结构示意图

3.4.2.4　光源

对光催化而言，其实最好的催化光源就是太阳光，然而，为了工业生产的连续性，有时候也会利用人工光源，其主要的应用方法如下：

以太阳光为催化光源的生产工艺：主要涉及地表微污染水处理。一般而言，地表水在电解池内的停留时间长（可以不设置光电池，直接将电极模组设置在水体中），通过太阳光对电极模组进行辐射，去除水体中的微污染。在这里，也可以选择太阳能光伏电池板供电，彻底实现清洁能源的光电催化降解。

以人工光源为催化光源的生产工艺：涉及高污染负荷或以杀菌消毒为目的的水处理工艺使用上，通过人工光源产生可见光或紫外光对光电阳极进行辐射，达到稳定工艺的目的。

太阳光和人工光源混合使用的生产工艺：对具有露天环境的污水处理系统而言，可以采用复合光源，主要用于污水处理的后处理，保障污水处理水质。在白天使用太阳光辐射，夜晚使用人工光源辐射。

随着人工光源的发展，特别是半导体 LED 技术的发展，电光转化效率得到了极大提升，如白光 LED 的发光效率已突破 260lm/W，成熟产品的发光效率也超过 150lm/W，且使用寿命可超过 10 万小时，具有良好的性价比和节能效益，这也为光电催化工艺的发展带来了新的契机。同时，紫外（250～400nm）LED 光源效率也在逐步提升，同时制造成本持续下降，在杀菌消毒及净化领域具有良好的发展前景。

3.5
膜电容效应

3.5.1 电容去离子原理

电容去离子（capacitive deionization，CDI）技术是近十余年来快速发展起来的一种用于脱盐的新型水处理技术，又称为电吸附（electrosorption，ES）或者液流式电容法脱盐。

电容去离子（CDI）是一种电化学控制的方法，它的基本原理就是依靠外加电压以及电极强大的吸附能力，对离子实现周期性的吸附与解吸。利用吸附在电双层区域的多余离子，从水溶液中去除盐，达到海水或者咸水脱盐的目的。

对于 CDI 的原理，可从其脱盐原理和双电层理论两个方面进一步理解。

3.5.1.1 脱盐原理

图 3-47 是电容去离子技术的工作原理图，电容去离子（CDI）单元通常由两块平行放置的电极板构成，在电极间持续流过含有带电粒子的水溶液，给电极两端施加适当直流电压或者直流电流，电极之间就会产生一个稳定的持续的电场，这时水溶液中的带电粒子会受到电场力的影响而运动，吸附过程和解吸过程是电容去离子技术脱盐的两个主要过程。

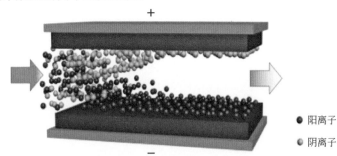

● 阳离子
● 阴离子

图3-47 电容去离子技术示意图

（1）吸附过程

在电场力的作用下，水溶液中的带电粒子会向着带有相反电性的电极方向运动，即阴离子向正电极运动，阳离子向负电极运动。持续运动后两电极表面上将吸附大量的带电粒子，从而降低了水溶液中的盐浓度，实现脱盐或者净化。

（2）解吸过程

待到电极表面吸附饱和后，降低外加电压或者断开外加电压，或将电极短

接、短时反接电压，电极表面的带电粒子立即被释放，溶液浓度将快速升高，实现电极的再生。

这就是电容去离子的脱盐原理的两个基本过程，如此反复地吸附和解吸，进入脱盐装置的是离子浓度固定不变的原水，而流出的水中，盐浓度却是周期性的变化。只要随着通电的变化，同步地将流出的溶液分别切换流入相应的容器，即可得到除去盐分的淡水和增浓了盐分的浓水。在脱盐过程中，为了抑制阴、阳电极上的析氢、吸氧反应，施加的电压不能太高，一般不能超过 2V，文献中多为 1.2V 或者 1.6V。

3.5.1.2 双电层理论

任何两种不同物相的物质接触时都会在两相之间产生电势，两相各有过剩的电荷，电量相等，电性相反，相互吸引，便在两相交界处形成了一层很薄的区域，叫做双电层。而电容去离子单元装置中，被吸附的带电粒子和吸附带电粒子的电极表面就形成了一个双电层，可以被看作是一个电容，如图 3-48 所示。

双电层区域可以吸引大量的带电粒子，该区域可以自发形成，也可以在外加电源下得到增强，在室温下厚度一般为 1～20nm，当施加电压时，区域厚度更大。在解吸的过程中，外加电压的衰减使双电层迅速变薄，吸附能力下降，带电粒子快速被释放回溶液。同时，双电层的吸附量还与电极外溶液的平衡浓度有关。

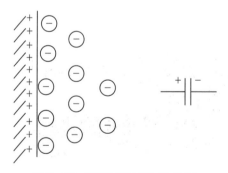

图 3-48 双电层电极形成示意图

3.5.1.3 电极材料

电容去离子技术的脱盐效果主要体现在：溶液脱盐率、吸附和解吸时间、循环效率与寿命等指标。其主要影响因素有：电极材料特性、CDI 脱盐单元（其结构设计、电极板间距、电极材料用量等）、操作条件（如施加的电压、溶液流速、溶液成分和含盐量等）。其中电极材料的影响十分关键。电容去离子技术电极材料的关键是要有较高的比电容（C/m），经大量实验研究后发现，从单一影响因素来看，提高电极材料的比电容，在相同条件下能够提升电极吸附带电粒子的能力，提高脱盐效果。经过以上的讨论，很明显，电极材料的正确选择是 CDI 的电化学分离过程中最关键的问题。合适的 CDI 电极材料应具有以下性能：

（1）较高的比表面积

电极材料吸附溶液中带电粒子依靠的是与运动到电极表面的带电粒子形成的双电层。当材料通过制备多孔结构或者降低粒径尺寸等方式提高比表面积时，比电容也相应提高，电极上会吸附更多的带电粒子。

（2）电导率高

材料导电性好，电流效率就会比较高，可以减小电极的电阻电压降；同时，材料的电导率越高，在双电层的形成过程中，传荷阻力会比较小，吸附离子的速率将会更快。材料和集流体之间应有较好的接触，以保证较低的阻抗。

（3）亲水性好

电极吸附水溶液中的带电粒子时，如果电极材料的亲水性比较好，有利于溶液中的带电粒子快速扩散迁移到电极材料表面，则材料内部的孔隙、间隙的比表面积也能够得到充分的利用。

（4）稳定性好

当材料具有良好的稳定性，包括电化学稳定性、物理强度和生物稳定性，在广泛的 pH 值范围内，在氧化剂（如溶解氯）存在下的化学和电化学稳定性以及承受频繁电压变化的能力强。材料上可减免不必要的化学反应而导致的材料损耗和比电容降低，也可抑制微生物的滋生和污染，避免影响水质等。在电容去离子技术中，电极材料要经过多次利用，这些因素就会被放大，所以材料的稳定性可以保证 CDI 电极单元更长时间的工作效率。

（5）根据设计要求容易成型

所用的电极材料，特别是碳薄膜材料和工艺要利于批量化加工制造，才有可能在实际器件中应用。

（6）孔径分布适宜

多孔材料的孔径，按照 IUPAC 标准，分为微孔（<2nm）、介孔（2~50nm）和大孔（>50nm）。按照孔的类型，又可分为开孔、闭孔和半开孔。考虑到被吸附带电粒子的半径及其溶入溶剂后的水合离子半径，Yang 等[100]建立了碳气凝胶电吸附离子的数学模型，指出存在一个最低孔径，当孔径小于这个最低孔径时，双电层排列叠加，不利于离子吸附。对于电容去离子的电极材料，介孔被认为是最合适的孔径，有利于双电层的形成和离子的吸附。相对于微孔，介孔减弱了界面上存在的共性离子的排斥作用，提高了双电层的有效比表面积；相对于大孔，

介孔能提供的比表面积更大。

大量关于碳和石墨的基本电化学性质的研究揭示了碳和石墨的特性。考虑到电容去离子技术中电极材料的这些特点，碳材料是很好的选择，常见的几种电极材料有：石墨、碳气凝胶、碳纳米管、介孔碳等。

3.5.2 膜电容去离子原理

膜电容去离子（membrane capacitive deionization，MCDI）技术是以 CDI 为基础，在正负电极表面各紧贴一层阴离子交换膜和阳离子交换膜，是电容去离子技术和离子交换膜技术的相互结合。图 3-49 是 MCDI 的基本单元。

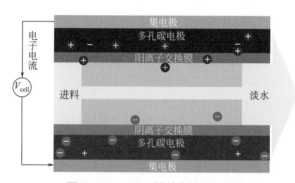

图3-49　MCDI的基本单元示意图

离子交换膜（ion-exchange membranes，IEMs）由聚合物基体组成，其中离子基团固定在聚合物骨架上。根据离子基团的电荷，IEMs 被分为阴离子膜（anion-exchange membranes，AEMs）或阳离子膜（cation-exchange membranes，CEMs）。阴离子膜（AEMs）中固定的最常见的正电荷基团是—NH_3^+、—NRH_2^+、—NR_2H^+ 和—NR_3^+，它们允许阴离子的迁移和排斥阳离子。阳离子膜（CEMs）中包含—SO_3^-，—COO^-，—PO_3^{2-}，—PO_3H^-，允许阳离子的迁移和排斥阴离子。

3.5.2.1 离子交换膜在膜电容去离子技术中的作用

IEMs 常常用于质量分离、化学合成、能量转换和储存过程。膜电容去离子技术中，在外加电流作用下，阳离子或阴离子选择性地通过膜传递进行分离。

电容去离子（CDI）技术被认为是一种理想的海水淡化技术，但作为一种新兴的技术，还需要进一步发展。该方法在低盐度条件下能耗很低，易于操作，易维护且维修成本低。在 CDI 中，电场作用于碳电极，使水溶液中带电粒子在碳微孔中被吸附，从而降低溶液浓度。在再生过程中电场被移除，被吸附的离子被释放回溶液中。限制 CDI 电荷效率的缺点之一是共离子吸附，即离子在带有相同表面电荷的电极上的吸附。若在碳电极前引入离子交换膜，可以减小这种影响。在 MCDI 电池中，在阳电极前放置一个阴离子交换膜，以阻止阳离子的通过，在阴电极前面加一层阳离子交换膜以排除阴离子。这种方法大幅限制了共离子吸附，还允许电荷在再生循环中被逆转。

离子交换膜是带有活性基团的高分子材料，只允许单一电性的离子通过，起选择性透过的作用。膜电容去离子技术的效率比传统电容去离子技术高，在电极表面上附上离子交换膜后，电极上负载的少量带电离子由于膜的阻隔，不会被迁移到溶液中，在脱盐过程中可与透过离子交换膜的相反电性离子中和，从而提高了电极总的离子吸附量和脱盐效率。

3.5.2.2　膜电容去离子技术中的材料与器件

在不断的技术改进中，为提高膜电容去离子技术的效率，寻找不同的合适的离子交换膜是一大关键点。不同的膜的特性不同，越适合于膜电容去离子技术的膜，越能提高海水或咸水的淡化效率。常用的离子交换膜分为两类：异相膜和均相膜。异相膜具有成本低的特点，而均相膜具有离子交换效率高的特点。通过对这些膜的特性评估，来确定其适用性。

3.5.2.3　离子交换膜的生产

在均相离子交换膜中，离子基团化学结合在聚合物骨架上，形成相关离子交换凝胶。如果离子交换膜与相应电极不交联，这些功能化聚合物在水中会大量膨胀；因此，要加入交联剂（最常见的为二乙烯基苯），使其能够更好地与电极交联。交联不仅能够减小聚合物在水中的溶胀，还可改善 IEMs 的结构，有利于引入更高密度的固定电荷基团。在离子交换膜的传统生产过程中，将二乙烯基单体和线性聚合物聚乙烯醇混合均匀，再用起泡剂和塑化剂使其形成糊状物，接下来将这种糊状物涂在衬垫织物或者网上，对其加热，使二乙烯基单体能够共聚。形成膜状之后，利用氯磺酸、硫酸、三甲基胺或甲基碘的浸渍来使膜具有离子交换的功能。

但是，这些化学品由于其本身的危害性，更倾向于使用已经功能化的单体。在这种情况下，往往会用水溶性交联剂——甲醛代替二乙烯基苯。

目前，能够用于 MCDI 技术的 IEMs 有：Fuma-Tech GmbH（德国巴登 - 符腾堡州）生产的 Fumasep IEMs、Asahi Glass 公司（朝日玻璃有限公司，日本东京）生产的 Selemion IEMs、ASTOM 公司（日本东京）生产的 Neosepta IEMs。这些膜都具有高选择性、低电阻、高化学性和高机械稳定性的优点，可应用于 MCDI 技术中。

在国际上，目前正在开发专门应用于MCDI中的一类离子交换膜，这种膜比在电渗析（ED）应用中的更薄，因为它们不需要自我支撑，降低了膜的电阻。Kwak等[101]通过3种单体［4-乙烯基苯磺酸钠（NaSS）、甲基丙烯酸（MAA）和甲基丙烯酸甲酯（MMA）］的热交联和酯化，开发了阳离子交换膜。Kang等[102]还报道了一种用于去电离应用的聚偏氟乙烯-g-4-乙烯基苯磺酸钠共聚物（PVDF-g-PSVBS）阳离子交换膜的合成。Jeong等[103]合成了一种胺化聚偏氟乙烯-g-4-乙烯基苄基氯（PVDF-g-VBC）阴离子交换膜。Qiu等[104]使用γ-辐照交联苯磺酸钠及聚苯乙烯薄膜作为阳离子交换膜。

用于MCDI工艺的不同阳离子交换膜和阴离子交换膜的制备和表征分别如表3-2和表3-3所示。

表3-2 用于MCDI工艺的不同阳离子交换膜（CEMs）制备和表征

膜材料	聚合物	吸水率（质量分数）/%	电阻/（Ω/cm^2）	聚合物厚度/μm	比电容/（F/g）	参考文献
商用膜	Fumasep FKS	12～15	2.0～4.5	120	—	供应商
	Neosepta CMX	25～30	3.0	170	—	供应商
	Selemion CMV	25	—	120	—	供应商
	Dupont Nafion	16	1.5	117	—	供应商
MCDI专用膜	NaSS-MAA-MMA	121	0.7	90～140	—	[101]
	PVDF-g-PSVBS	61	2	—	—	[102]
	Crosslinked Sulfonated	30	0.37	25	—	[104]
	polystyrene	30	0.37	25	—	[103]

表3-3 用于MCDI工艺的不同阴离子交换膜（AEMs）的制备和表征

膜材料	聚合物	吸水率（质量分数）/%	电阻/（Ω/cm^2）	聚合物厚度/μm	比电容/（F/g）	参考文献
商用膜	Fumasep FAS	15～30 13～23	0.3～0.6 1.7～3.0	30135	—	供应商
	Neosepta AMX	25～30	2.4	140	—	供应商
	Selemion AM	19	2.8	120	—	供应商
MCDI专用膜	Aminated PVDF-g-VBC	25	4.8	—	—	[103]

参考文献

[1] 潘业兴,王帅. 植物生理学[M]. 延边:延边大学出版社,2016:57.

[2] 杨青松,廖伟彪,穆俊祥. 植物生物学理论及新进展研究[M]. 北京:中国水利水电出版社,2015:104-105.

[3] 沈允钢.地球上最重要的化学反应:光合作用[M]. 北京:清华大学出版社,2020:30-40.

[4]   Nicewicz D A, MacMillan D WC. Merging photoredox catalysis with organocatalysis: the direct asymmetric alkylation of aldehydes[J]. Science, 2008, 322 (5898): 77-80.

[5]   Ando W, Sato R, Sonobe H, et al. Reaction of singlet oxygen with azines: Implications for dioxirane intermediate[J]. Chemischer Informationsdienst, 1984, 25 (8): 853-856.

[6]   Durgakumari V, Subrahmanyam M, Subba Rao K V, et al. An easy and efficient use of TiO_2 supported HZSM-5 and TiO_2 +HZSM-5 zeolite combinate in the photodegradation of aqueous phenol and p-chlorophenol[J]. Applied Catalysis A: General, 2002, 234 (1): 155-156.

[7]   Peyton G R, Huang F Y, Burleson J L, et al. Destruction of pollutants in water with ozone in combination with ultraviolet radiation. 1. General principles and oxidation of tetrachloroethylene[M]// Introductiones in logicam. F. Meiner, 1982.

[8]   陈萍, 李亚峰, 吕春华. 光氧化技术在染料废水处理中的应用[J]. 辽宁化工, 2006 (4): 207-210.

[9]   Prengle H W. Experimental rate constants and reactor considerations for the destruction of micropollutants and trihalomethane precursors by ozone with ultraviolet radiation[J]. Environmental Science & Technology, 1983, 17 (12): 743-747.

[10] Peyton G R, Glaze W H. Destruction of pollutants in water with ozone in combination with ultraviolet radiation. 3. Photolysis of aqueous ozone [J]. Environmental science & technology, 1988, 22 (7): 761-767.

[11] Zepp R G, Faust B C, Hoigne J . Hydroxyl radical formation in aqueous reactions (pH 3-8) of iron (Ⅱ) with hydrogen peroxide: the photo-Fenton reaction[J]. Environmental Science and Technology, 1992, 26 (2): 313-319.

[12] 雷乐成. 光助Fenton氧化处理PVA退浆废水的研究[J]. 环境科学学报, 2000, 20 (2): 139-144.

[13] 刘伟, 王慧, 陈小军, 等. 抗生素在环境中降解的研究进展[J]. 动物医学进展, 2009, 30 (3): 89-94.

[14] 林龙利, 刘国光, 吕文英. TiO_2光催化同步去除水体中重金属和有机物研究进展[J]. 科技导报, 2011, 29 (23): 74-79.

[15] 于丹丹, 张光辉, 张凤, 等. MBR出水的紫外线消毒试验研究[J]. 中国给水排水, 2007, 23 (5): 47-49.

[16] Arbab P, Ayati B, Ansari M R . Reducing the use of nanotitanium dioxide by switching from single photocatalysis to combined photocatalysis-cavitation in dye elimination[J]. Process Safety and Environmental Protection, January 2019, 121: 87-93.

[17] Ao Y H, Xu J J, Fu D G, et al. A simple method to prepare N-doped titania hollow spheres with high photocatalytic activity under visible light[J]. Journal of Hazardous Materials, 2009, 167 (1-3): 413-417.

[18] Anpo M, Aikawa N, Kubokawa Y, et al. Photoluminescence and Photocatalytic Activity of Highly Dispersed Titanium Oxide Anchored onto Porous Vycor Glass[J]. The Journal of Physical Chemistry, 1985, 89: 5017-5021.

[19] Gritscov A M, Shvets V A, Kazansky V B. A luminescence study of the photoreduction of

vanadium（V）supported on silica gel[J]. Chemical Physics Letters，1975，35：511-512.

[20] Linsebigler A L，Lu G Q，Yates J T. Photocatalysis on TiO$_2$ surfaces：Principles，mechanisms，and selected results[J]. Chemical Reviews，1995，95：735-758.

[21] Kamisaka H，Adachi T，Yamashita K. Theoretical study of the structure and optical properties of carbon-doped rutile and anatase titanium oxides[J]. The Journal of chemical Physics，2005，123（8）：84704-84709.

[22] Nagaveni K，Hegde M S，Ravishankar G N，et al. Synthesis and structure of nanocrystalline TiO$_2$ with lower band gap showing high photocatalytic activity[J]. Langmuir，2004，20（7）：2900-2907.

[23] Xia T，Zhang W，Murowchick，J B，et al. A Facile Method to Improve the Photocatalytic and Lithium-Ion Rechargeable Battery Performance of TiO$_2$ Nanocrystals[J]. Advanced Energy Materials，2013，3（11）：1516-1523.

[24] Yu J G，Dai G P，Xiang，Q J，et al. Fabrication and Enhanced Visible-Light Photocatalytic Activity of Carbon Self-Doped TiO$_2$ Sheets with Exposed {001} Facets[J]. Journal of Materials Chemistry，2011，21：1049-1057.

[25] Lin X X，Rong F，Ji X，et al. Carbon-doped mesoporous TiO$_2$ film and its photocatalytic activity[J]. Microporous and Mesoporous Materials. 2011，142：276-281.

[26] Yu J C，Zhang L Z，Zheng Z，et al. Synthesis and Characterization of Phosphated Mesoporous Titanium Dioxide with High Photocatalytic Activity[J]. Chemistry of Materials，2003，15（11）：2280-2286.

[27] Shi Q，Yang D，Jiang Z Y，et al. Visible-light photocatalytic regeneration of NADH using P-doped TiO$_2$ nanoparticles[J]. Journal of Molecular Catalysis B：Enzymatic，2006，43（1-4）：44-48.

[28] Gopal N O，Lo H H，Ke T F，et al. Visible Light Active Phosphorus-Doped TiO$_2$，Nanoparticles：An EPR Evidence for the Enhanced Charge Separation[J]. The Journal of Physical Chemistry C，2012，116（30）：16191-16197.

[29] Han Z Z，Wang J J，Liao L，et al. Phosphorus doped TiO$_2$ as oxygen sensor with low operating temperature and sensing mechanism[J]. Applied Surface Science，2013，273：349-356.

[30] 周安展，李雨霏. 磷掺杂二氧化钛制备光催化剂降解亚甲基蓝研究[J]. 科技创新导报，2017，14（24）：124-128.

[31] 崔红，姚静文，张艳峰，等. 氟掺杂二氧化钛的制备及光催化性能[J]. 河北师范大学学报（自然科学版），2018，42（4）：322-326.

[32] 蒋悦，贾漫珂，邹彩琼，等. 碘掺杂TiO$_2$可见光光催化性能研究[J]. 环境工程学报，2013，7（3）：975-980.

[33] Su W Y，Zhang Y F，Li Z H，et al. Multivalency Iodine Doped TiO$_2$：Preparation，Characterization，Theoretical Studies，and Visible-Light Photocatalysis[J]. Langmuir，2008，24（7）：3422-3428.

[34] Choi W，Termin A，Hoffmann，M R. The Role of Metal Ion Dopants in Quantum-Sized TiO$_2$：Correlation between Photoreactivity and Charge Carrier Recombination Dynamics . The

Journal of Physical Chemistry. 1994，98：13669-13679.

[35] Yan N N，Zhu Z Q，Zhang J，et al. Preparation and properties of ce-doped TiO_2 photocatalyst. Materials Research Bull，2012，47：1869-1873.

[36] Zhu J F，Zheng W，He B，et al. Characterization of Fe–TiO_2 photocatalysts synthesized by hydrothermal method and their photocatalytic reactivity for photodegradation of XRG dye diluted in water[J]. Journal of Molecular Catalysis A：Chemical，2004，216（1）：35-43.

[37] Tian B Z，Li C Z，Gu F，et al. Flame sprayed V-doped TiO_2 nanoparticles with enhanced photocatalytic activity under visible light irradiation. Chemical Engineering Journal，2009，151：220-227.

[38] 刘娟. 碳、氮共掺杂TiO_2催化剂的制备及其可见光催化活性研究[J]. 华中师范大学研究生学报，2010，17（2）：145-148.

[39] Liu D，Zhou J，Wang J，et al. Enhanced visible light photoelectrocatalytic degradation of organic contaminants by F and Sn co-doped TiO_2 photoelectrode[J]. Chemical Engineering Journal，2018，344：332-341.

[40] 杨志怀，张云鹏，康翠萍，等. Co-Cr共掺杂金红石型TiO_2电子结构和光学性质的第一性原理研究[J]. 光子学报，2014，43（8）：150-158.

[41] Li S，Lin Y H，Zhang B P，et al. $BiFeO_3$/TiO_2 core-shell structured nanocomposites as visible-active photocatalysts and their optical response mechanism[J]. Journal of Applied Physics，2009，105（5）：539-543.

[42] Spanhel L，Weller H，Henglein A . Photochemistry of Semiconductor Colloids. 22. Electron Injection from Illuminated CdS into Attached TiO_2 and ZnO Particles[J]. Cheminform，1988，19（4）：1-6.

[43] Tian R，Liu D，Wang J，et al. Three-dimensional $BiOI$/TiO_2 heterostructures with photocatalytic activity under visible light irradiation[J]. Journal of Porous Materials，2018，25（6）：1805-1812.

[44] Falconer J L，Magrinibair K A. Photocatalytic and thermal catalytic oxidation of acetaldehyde on Pt/TiO_2 [J]. Journal of Catalysis，1998，179（1）：171-178.

[45] 朱荣淑，喻灵敏，董文艺. Pt改性二氧化钛光催化去除溴酸盐[J]. 哈尔滨工业大学学报，2013，45（8）：56-60.

[46] Seery M K，George R，Floris P，et al. Silver doped titanium dioxide nanomaterials for enhanced visible light photocatalysis[J]. Journal of Photochemistry and Photobiology A：Chemistry，2007，189（2）：258-263.

[47] 黄瑞宇，罗序燕，赵东方，等. 银掺杂二氧化钛及其光催化性能研究[J]. 有色金属科学与工程，2016，7（2）：67-72.

[48] Nolan N T，Seery M K，Hinder S J，et al. A Systematic Study of the Effect of Silver on the Chelation of Formic Acid to a Titanium Precursor and the Resulting Effect on the Anatase to Rutile Transformation of TiO_2[J]. Journal of Physical Chemistry C，2010，114（30）：13026-13034.

[49] Ma Y，Wang X L，Jia Y S，et al. Titanium Dioxide-Based Nanomaterials for Photocatalytic

Fuel Generations[J]. Chemical Reviews, 2014, 114（19）：9987-10043.

[50] 王婷，郭丽，贺晓莹.掺杂改性纳米TiO$_2$光催化剂的制备及表征[J].辽宁化工，2010，39（2）：131-133.

[51] 肖循，唐超群，陈琦丽.纳米TiO$_2$薄膜的制备及光催化活性研究[J].华中科技大学学报（自然科学版），2004，32（8）：22-24.

[52] 闫盼盼，姜洪泉，卢智宇，等.低量镱掺杂TiO$_2$纳米光催化剂的溶胶-溶剂热制备及光活性[J].中国稀土学报，2011，29（6）：681-686.

[53] 黄文迪，孙静，申婷婷，等.Co-BiVO$_4$异质结光催化剂的制备及其性能[J].化工进展，2017，36（11）：4080-4086.

[54] 董如林，莫剑臣，张汉平，等.二氧化钛/氧化石墨烯复合光催化剂的合成[J].化工进展，2014，33（3）：679-684

[55] 陈丹.二氧化钛导电粉体的研究现状[J].云南冶金，2004，33（2）：47-49.

[56] 郭彦文，雷玉.TiO$_2$薄膜光催化降解二氯乙酸和三氯乙酸水溶液[J].太原理工大学学报，2005，36（2）：190-192+196.

[57] 李新娟，曾卓，张利胜.石墨烯的光催化研究[J].光散射学报，2018，30（2）：103-106.

[58] 杨如诗，朱文娟，林茹，等.静电纺丝法制备BiFeO$_3$及其光催化性能研究[J].广州化工，2017，45（24）：76-78.

[59] 魏晋军，马书懿.静电纺丝法制备Y掺杂ZnO纳米材料及其光催化性能[J].工业催化，2017，25（5）：49-52.

[60] 胡亚微，高慧，王晓芳.g-C$_3$N$_4$/TiO$_2$纳米管阵列的制备及光催化性能的研究[J].表面技术，2018，47（12）：113-118.

[61] 雷锐，陈荣生，张博威，等.Fe$_2$O$_3$/ZnO纳米复合结构的制备及其光催化性能研究[J].武汉科技大学学报，2017，40（6）：415-421.

[62] 张芳佳，王悦，张榴，等.掺Ce纳米ZnO光催化剂的结构表征及催化性能[J].化学试剂，2019，41（7）：663-667.

[63] 胡秀虹，张廷辉，王翔，等.陶瓷负载TiO$_2$复合材料的制备及光催化降解废水中苯酚的研究[J].化工新型材料，2019，47（5）：190-192+197.

[64] 赵帅，刘亚亚，马博文，等.TiO$_2$-β/SBA-15的制备及其光催化氧化脱硫性能[J].石油化工，2018，47（8）：795-801.

[65] 师艳婷，乔生莉，张巧玲，等.磁性光催化剂Fe$_3$O$_4$/SiO$_2$/TiO$_2$的制备及光催化降解苯酚[J].化工进展，2018，37（11）：4322-4329.

[66] 张好，赵星琦，刘宏辰，等.磁性Spinel型Fe-Mn氧化物/碳布纤维光催化降解磺胺废水研究[J].辽宁科技学院学报，2019，21（3）：23-24+14.

[67] 杨状，高星星，赵通林，等.复合材料BiVO$_4$/ZnO光催化降解废水中的丁基黄药[J].金属矿山，2017（7）：173-177.

[68] 冯奇奇，卜龙利，高波，等.ZnIn$_2$S$_4$可见光催化降解水中的双氯芬酸[J].环境工程学报，2017，11（2）：739-747.

[69] 张闵，张芝专，程承，等.TiO$_2$太阳光催化降解敌百虫废水的研究[J].西南林业大学学报（自然科学），2018，38（5）：161-167.

[70] 王菊, 谢添, 杜春华. 纳米TiO_2的低温制备及光催化降解有机磷农药[J]. 工业用水与废水, 2019, 50 (2): 57-60.

[71] 黄利强, 许昱, 郭松林. 纳米TiO_2光催化杀灭水产病原菌的研究[J]. 集美大学学报 (自然科学版), 2010, 15 (4): 14-17.

[72] 林章祥, 李朝晖, 王绪绪, 等. TiO_2对流感病毒 (H1N1) 灭活作用的研究[J]. 高等学校化学学报, 2006 (4): 721-725.

[73] Zou Y D, Wang X X, Khan A, et al. Environmental Remediation and Application of Nanoscale Zero-Valent Iron and Its Composites for the Removal of Heavy Metal Ions: A Review[J]. Environmental Science & Technology, 2016, 50: 7290-7304.

[74] Tang W W, Zeng G M, Gong J L, et al. Impact of humic/fulvic acid on the removal of heavy metals from aqueous solutions using nanomaterials: A review[J]. Science of The Total Environment, 2014, 468-469: 1014-1027.

[75] 朱丹丹, 周启星. 功能纳米材料在重金属污染水体修复中的应用研究进展[J]. 农业环境科学学报, 2018, 37 (8): 1551-1564.

[76] Zhao Y, Zhao D, Chen C, et al. Enhanced photo-reduction and removal of Cr (Ⅵ) on reduced graphene oxide decorated with TiO_2 nanoparticles[J]. Journal of Colloid and Interface Science, 2013, 405 (Complete): 211-217.

[77] Lu C H, Zhang P, Jiang S J, et al. Photocatalytic reduction elimination of UO_2^{2+} pollutant under visible light with metal-free sulfur doped g-C_3N_4 photocatalyst[J]. Applied Catalysis B: Environmental, 2017, 200: 378-385.

[78] Lu C H, Chen R Y, Wu X, et al. Boron doped g-C_3N_4 with enhanced photocatalytic UO_2^{2+} reduction performance[J]. Applied Surface Science, 2016, 360: 1016-1022.

[79] Kim T H, Park C, Lee J, et al. Pilot scale treatment of textile wastewater by combined process (fluidized biofilm process-chemical coagulation-electrochemical oxidation) [J]. Water Research, 2002, 36 (16): 3979-3988.

[80] 曾植, 杨春平, 王建龙. 电化学催化氧化处理甲基橙染料废水的研究[J]. 广东化工, 2012, 39 (16): 120-121+134.

[81] 王家宏, 王思, 童新豪. 电催化氧化去除水中低浓度氨氮的研究[J]. 陕西科技大学学报, 2017, 35 (5): 34-38.

[82] 崔丽, 黄开拓, 李丹, 等. 电催化氧化法处理抗生素制药废水的实验研究[J]. 环境保护与循环经济, 2017, 37 (1): 36-40.

[83] 滕厚开, 聂荣健, 谢陈鑫, 等. 石墨烯修饰石墨电极制备及在高氨氮废水中的应用[J/OL]. 工业水处理, 2018 (12): 42-46[2019-09-09]. http: //kns. cnki. net/kcms/detail/12. 1087. X. 20181228. 1628. 022. html.

[84] 顾瑞, 刘锐. 电化学在铜冶炼废水处理中的应用与实践[J]. 铜业工程, 2018 (4): 64-66.

[85] 徐灵, 王成端, 姚岚. 重金属废水处理技术分析与优选[J]. 广州化工, 2006, 34 (6): 44-46.

[86] Zanoni M V B, Sene J J, Anderson M A. Photoelectrocatalytic degradation of Remazol Brilliant Orange 3R on titanium dioxide thin-film electrode[J]. Journal of Photochemistry and Photobiology A Chemistry, 2003, 157 (1): 55-63.

[87] Heikkilä M, Puukilainen E, Ritala M, et al. Effect of thickness of ALD grown TiO$_2$ films on photoelectrocatalysis[J]. Journal of Photochemistry and Photobiology A: Chemistry, 2009, 204（2）: 200-208.

[88] Cheng H E, Chen C C . Morphological and Photoelectrochemical Properties of ALD TiO$_2$ Films[J]. Journal of the Electrochemical Society, 2008, 155（9）: 604-607.

[89] Garcia-Segura S, Brillas E. Applied photoelectrocatalysis on the degradation of organic pollutants in wastewaters[J]. Journal of Photochemistry and Photobiology C Photochemistry Reviews, 2017, 31: 1-35.

[90] 李威霆, 段晨风, 张泽龙, 等. 热喷涂制备纳米结构TiO$_2$涂层及其自清洁性能研究[J]. 热加工工艺, 2017, 46（2）: 130-133.

[91] Liu D, Tian R W, Wang J Q, et al. Photoelectrocatalytic degradation of methylene blue using F doped TiO$_2$ photoelectrode under visible light irradiation[J]. Chemosphere, 2017, 185: 574-581.

[92] Liu D, Wang J Q, Zhou J, et al. Fabricating I doped TiO$_2$ photoelectrode for the degradation of diclofenac: Performance and mechanism study [J]. Chemical Engineering Journal, 2019, 369: 968-978.

[93] Fu J F, Zhao Y Q, Xue X D, et al. Multivariate-parameter optimization of acid blue-7 wastewater treatment by Ti/TiO$_2$ photoelectrocatalysis via the Box-Behnken design[J]. Desalination, 2008, 243（1-3）: 42-51.

[94] Su Y L, Han S, Zhang X W, et al. Preparation and visible-light-driven photoelectrocatalytic properties of boron-doped TiO$_2$ nanotubes[J]. Materials Chemistry and Physics, 2008, 110（2-3）: 239-246.

[95] Daghrir R, Drogui P, El Khakani M A . Photoelectrocatalytic oxidation of chlortetracycline using Ti/TiO$_2$ photo-anode with simultaneous H$_2$O$_2$ production[J]. Electrochimica Acta, 2013, 87: 18-31.

[96] Hirakawa T, Koga C, Negishi N, et al. An approach to elucidating photocatalytic reaction mechanisms by monitoring dissolved oxygen: Effect of H$_2$O$_2$ on photocatalysis[J]. Applied Catalysis B: Environmental, 2009, 87（1-2）: 46-55.

[97] Garcia-Segura S, Dosta S, Guilemany J M, et al. Solar photoelectrocatalytic degradation of Acid Orange 7 azo dye using a highly stable TiO$_2$ photoanode synthesized by atmospheric plasma spray[J]. Applied Catalysis B: Environmental, 2013, 132-133（Complete）: 142-150.

[98] Selcuk H, Sene J J, Anderson M A . Photoelectrocatalytic humic acid degradation kinetics and effect of pH, applied potential and inorganic ions[J]. Journal of Chemical Technology and Biotechnology, 2003, 78（9）: 979-984.

[99] Ding X, Ai Z H, Zhang L Z. A dual-cell wastewater treatment system with combining anodic visible light driven photoelectro-catalytic oxidation and cathodic electro-Fenton oxidation[J]. Separation and Purification Technology, 2014, 125: 103-110.

[100] Yang K L, Ying T Y, Yiacoumi S, et al. Electrosorption of ions from aqueous solutions by carbon aerogel: an electrical double-layer model[J]. Langmuir, 2001, 17（6）: 1961-1969.

[101] Kwak N S, Koo J S, Hwang, T-S, et al. Synthesis and electrical properties of NaSS–MAA–MMA cation exchange membranes for membrane capacitive deionisation（MCDI）. Desalination, 2012, 285, 138-146.

[102] Kang K W, Hwang C W, Hwang T S. Synthesis and properties of sodium vinylbenzene sulfonate-grafted poly（vinylidene fluoride）cation exchange membranes for membrane capacitive deionisation process. Macromol ecular Research, 2015, 23: 1126–1133.

[103] Jeong J S, Kim H S, Cho M D, et al. Regeneration Methods of Capacitive Deionization Electrodes in Water Purification: U S 20160289097 A1 [P]. 2016-10-06.

[104] Qiu Q, Cha J H, Choi Y W, et al. Preparation of stable polyethylene membranes filled with crosslinked sulfonated polystyrene for membrane capacitive deionisation by γ-irradiation. Macromolecular Research, 2017, 25: 92-95.

第 **4** 章

光电净化技术的
工程应用

广义而言，光电净化技术是指以光和电作为能源驱动的水处理技术，包括光催化、电催化和光电催化技术及以太阳能光伏技术为能源驱动的清洁能源水处理技术等。太阳能光伏技术作为新能源在水处理行业，尤其是地表水处理行业中的应用比较广泛。而光催化与光电催化技术作为新兴的水处理技术，是目前水处理行业的研究热点，但大部分仅限于实验室的研究，实现工业化应用的只有少部分，在未来将会有良好的发展前景。

根据光催化与光电催化技术的工艺特点以及现有的水处理行业状态，相比其他的水处理技术，光催化与光电催化技术主要应用领域包括：

（1）低浓度水的处理

低浓度水的处理包括地表水处理、污水处理的尾水提标、中水回用等方面的净化处理。在这些行业中，相比传统的水处理方法，光催化或光电催化技术通过光和电催化产生的活性粒子及自由基等氧化低浓度水体中的污染物，具有投资成本低、处理效率高、适应性强、运行费用很低等特点，且在处理过程中没有污泥产生，在这方面具有非常大的应用需求和市场潜力。

（2）高盐高浓度污水处理

高盐高浓度污水处理包括化工医药、农药、印染、电镀、冶金、渗滤液等废水的处理。此类废水由于含高浓盐及难生物降解物质的特征，B/C较低，生化性能一般较差，传统的生化工艺很难处理，利用膜法等物理方法处理则成本过高。以光催化和光电催化技术作为此类污水的主体处理工艺，或预处理及末端处理工艺，可有效提高污水的生化性能，保障污水处理的达标排放或循环利用。

4.1
太阳能光伏在水处理领域的应用

太阳能应用主要包括光伏发电和光热利用。其中光伏发电主要利用可见光和近红外光的光子能量通过光电二极管（光伏电池）转换为电能；光热利用主要是将太阳能中红外光的热能通过太阳能集热器将水加热并存储而使用，如太阳能热水器，用于生活、洗浴等。太阳能蒸馏利用太阳能对水加热蒸发而获得蒸馏水，可用于苦咸水或海水的淡化蒸馏制备纯净水。

4.1.1　太阳能光伏技术简介

信息技术、能源技术及环境技术是当今社会发展的关键性支持技术。随着人

类进入 21 世纪的信息化时代，石化能源的消耗也大幅增加，同时伴随着环境的日益恶化和气候的快速升温，人类赖以生存和发展的环境受到严重威胁，发展清洁能源技术是解决社会发展与环境之间矛盾的关键。清洁能源技术主要是指在太阳能、风能等领域开发的无污染的能源技术，特别是太阳能利用技术将成为未来的主流清洁能源技术。

光电科技主要是研究光与电的相互转化机理及应用，具体包括了光电子材料与器件，如以电光转换为主的发光二极管（LED）、以光电转化为主的光电二极管和太阳能光伏（PV）电池等。LED 主要应用于信息显示及照明领域，其中作为照明光源，经过近 30 年的发展，目前即将发展成为主流的绿色节能照明的技术和产业，与传统荧光灯相比，采用 LED 灯的节能效率在 70% 以上，寿命增加数十倍，同时照明质量有显著的提高，有利于人们的视力健康。随着 LED 技术近 20 年的高速发展，中国已成为半导体照明领域的产业和应用的大国，产业技术也与国际上先进技术同步发展，即将发展成为此领域的强国。

太阳能光伏技术是将太阳光能通过 PV 电池直接转化为电能的技术，PV 电池具体可分为晶体硅太阳电池和薄膜太阳电池。规模化应用的产品主要以晶体硅太阳电池为主，其具有发电效率高、成本低的优势；薄膜太阳电池则是新型的光伏电池，可在玻璃或柔性衬底上制备，易于灵活应用，如光伏与建筑一体化技术的应用等。目前，已研发和在产业化的薄膜太阳电池主要有非（多）晶硅薄膜太阳电池、CdTe（碲化镉）薄膜太阳电池、CIGS（铜铟镓硒）薄膜太阳电池和新型（如二氧化钛、钙钛矿等）纳米晶薄膜太阳电池等。从技术和产业发展趋势看，单晶硅太阳电池技术将主导未来光伏发电产业，发电成本即将低于传统的石化能源的发电成本，使得人类社会加速进入以太阳能为主的清洁能源时代。

随着能源需求量的不断增加，以碳基（煤、石油、天然气）为主的传统能源将面临枯竭。而中国约 70% 的电力来自燃煤发电，对环境的污染和排放比重很大，而采用可替代的太阳能和风能等清洁能源以降低污染和减少排放对于中国则有更加重大的意义。

在清洁能源中，太阳能以其自身清洁、取之不尽等优势成为首选考虑。太阳是一个巨大而长久的绿色能源。尽管太阳辐射到地球大气层的能量仅为其总辐射能量（约为 3.75×10^{26} W）的二十二亿分之一，但已高达 1.73×10^{17} W，即太阳每秒辐射到地球上的能量就相当于 500 万吨煤。从地球上能源的主要来源看，地球上的风能、水能、海洋温差能、波浪能和生物质能以及部分潮汐能都来源于太阳能；地球上的以碳基为主的化石燃料从根本上说也是远古以来贮存下来的碳氢类的太阳能。故直接将太阳能转化为电能，即光伏或光热发电是利用太阳能最高效的方式，具有巨大的发展潜力。

4.1.2 太阳能光伏发电与传统生化法水处理的结合应用

传统的污水处理主要的工艺包括絮凝沉淀、微生物厌氧反应、微生物好氧反应等。在微生物好氧反应时采用好氧菌种在氧气充足的环境下与水中有机物反应而分解去除有机物。在实际工程应用中，需要曝气机在水中通过微小气泡曝气充入大量的氧气（空气），而曝气机的电机需要消耗较多电能。采用太阳电池发电后经逆变器将所发的直流电转换为交流电，供给曝气机的电机，可满足好氧反应所需的能量。另外，太阳能光伏发的电力也可供给整体水处理工艺过程中所需的电能，以控制反应的温度、流量、时间等。将太阳能光伏发电与已有的水处理设施相结合，可使得水处理工艺的整体运行费用降低，具有良好的发展前景。

4.1.3 太阳能光伏发电与海水淡化的结合应用

随着太阳能光伏发电技术的发展，太阳电池产品的光电转化效率已超过23%，发电成本已接近或低于传统化石能源（煤、石油等）的发电成本，绿色清洁的太阳能光伏发电技术已具备了规模化应用的基础条件。特别是在水处理领域应用，具有灵活、分布广、低成本等优势，也非常适合应用于海水淡化的综合利用工程。

在小型海水淡化应用方面，采用膜电容（如 EDR、MCDI）技术[1-3]，将海水直接分离转化为淡水，具有设备紧凑、占地面积小、应用灵活等特点。因膜电容器件是采用低压直流驱动工作的，与太阳电池发的直流电压（DC12～24V）较匹配，可集成为一体化设备，适合如海岛等小型海水淡化应用。

对于大型的海水淡化应用，高压反渗透（RO）技术已发展成为目前主流的海水淡化技术[4,5]。主要工艺包括海水预处理（杀菌、去除固体微粒、钙镁离子等）、RO制取淡水、浓盐水排放。一般一级 RO 膜工艺可制取45%～50%的淡水，二级 RO 膜工艺可制取 65%～70% 的淡水。采用 RO 膜工艺制取的淡水一般不能直接饮用，主要是因为在海水中的小离子如氟离子（F^-）、硼酸根离子（BO_3^{3-}）等浓度偏高，RO 膜不能有效去除，需要进一步处理降低小离子浓度后，才可作为饮用水使用。整体的电器及 RO 高压泵等的电力与太阳光伏电力和储能相结合，可降低对电网的依赖。太阳电池所发的直流电经过逆变器转化后的交流电可供给 RO 高压泵等使用。一般只采用太阳能发电与 RO 相结合的海水淡化应用，所制备的淡水的成本较高；若能将 RO 排出的浓盐水进行制盐应用，则会有较好的经济效益。

采用以太阳能光伏发电为能源的海水淡化制盐综合利用技术，应用灵活，可进行分布式建设，综合成本有突出优势。如图 4-1 所示，可将海水进行综合利用而制备淡水（饮用水或纯水）和精细盐。海水经预处理去除有机物、胶体、无机微粒等后，采用纳滤膜分离二价盐（钙镁离子和硫酸根），其中的纳滤膜浓缩的二价盐水可制备钙镁盐以实现资源化利用。再采用反渗透膜浓缩分离一价盐（氯化钠）。然后采用膜电容去离子（MCDI）制取饮用水及机械式蒸汽再压缩（MVR）进行精盐制备 [6,7]。在实际工程应用中，经过纳滤膜和反渗透膜过滤可获得 90% 以上的淡水和 10% 以下的高浓盐水；其中的淡水可采用膜电容去离子（MCDI）进一步纯化，制得 95% 的纯水可作为饮用水等应用。RO 制得的高浓盐水可采用机械式蒸汽再压缩（MVR）工艺将水蒸发制得蒸馏水，饱和浓缩盐水可直接制备食盐（NaCl）。因整体工艺主要利用电力能源，太阳能光伏发电作为主要能源供白天使用，同时存储过量的电能供夜晚使用，可降低整体的运行成本。此工艺制备淡水或纯水的效率高；清洁环保、无浓水排放；整体工艺综合能耗低，具有良好的性价比，是未来海水淡化综合利用的发展方向。

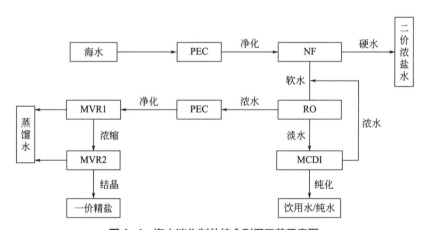

图4-1　海水淡化制盐综合利用工艺示意图

4.2
光催化和光电催化在河流湖泊水净化中的应用

光电催化（PEC）水处理技术是将具有光电催化功能的纳米材料在导电基体表面制备为薄膜，可作为光催化薄膜电极，或作为光电耦合催化薄膜电极的阳极使用。一般对于污染程度较轻的有机污水，当光（自然光或人工光源）照射在薄膜电极表面时，催化薄膜吸收光子能量后与水中的有机分子进行催化氧化反应，可将有机分子分解为二氧化碳和水，起到净化污水的作用。对于污染程度较重的有机污水，光的透过率较差，主要采用催化薄膜电极作为阳极，与导电阴极配对形成电容式的电化学氧化还原器件，在阴极与阳极间加电场（直流偏压0.1～12V），阳极表面进行催化氧化反应分解有机分子，阴极表面进行还原反应可去除钙离子、镁离子和重金属离子。当水中的有机物浓度降低到一定范围时，光可透过水照射在阳极的催化薄膜表面，可增加电极的催化氧化效率。根据所用催化薄膜材料和水中有机物的不同，在光照的情况下可增加10%～30%的催化反应效率。采用太阳电池发电后可直接或经存储后供给PEC器件进行催化氧化反应。因太阳电池发的直流电（如DC12V）可直接供给PEC使用，这样使得运行费用大幅下降，有着显著的成本和性能优势。太阳能光伏（PV）与PEC二者结合应用，具有良好的性价比和能效，在未来水处理领域有非常好的发展前景。

4.2.1 光催化技术在河流湖泊水净化中的应用

江河湖泊水污染后，当污染浓度较低时，通过微生物或阳光照射，水中的有机物吸收光能后会有一部分有机物被分解，有一定的自净能力。通常水体被污染后，当COD、氨氮、总磷等浓度较高时，水体会失去自净能力。可采用可见光催化技术进行水体污染治理，如将涂敷具有可见光催化功能的掺杂纳米 TiO_2 等薄膜的网、布、玻璃等材料放置于被污染的水体中，通过吸收阳光后对水中的有机物、氨氮等进行氧化分解等反应，可有效地去除污染物而使得水质净化（图4-2）。采用光催化工艺可使得污染水体在一个月内得以明显的净化，并逐步恢复水体的自净能力。

图4-2 光催化网河道水净化

4.2.2 光电催化技术在河流湖泊水净化中的应用

当江河湖泊水体污染较严重时，如黑臭水体，光线已无法透过水体进行光催化净化处理，此时可采用光电催化（PEC）技术进行净化。可将 PEC 模组放入黑臭水体中，首先在阴阳极板间加电压（电场），水中的有机物、氨氮等则直接在阳极表面进行催化氧化反应而被分解，使得水体的污染物浓度降低。当水体的污染较轻时，光线可透过水体照射在阳极的光电催化薄膜表面而起到光催化作用，此时因光电耦合催化作用而使得水体中污染物分解的效率进一步提高，可在较短的时间内使黑臭水体得到净化而变得清澈干净。采用光电催化工艺可使黑臭水体在一至两周内得以净化，并恢复水体的自净能力。河道水 PEC 处理中试工程应用如图 4-3 所示，处理效果如表 4-1 所示，PEC 技术对河道水具有良好的处理效果。

图 4-3 河道水 PEC 处理中试工程应用

表 4-1 河道水处理的相关数据

单位：mg/L

项目	COD	氨氮（NH_3–N）	总磷（TP）
原水	160～200	8～12	2～3
PEC 处理	<20	<2	<0.1

若 PEC 模组的电能采用太阳能光伏电池发电，则不需要额外的电源供电。在实际工程应用中，可将太阳能光伏与光电催化系统集成为一体。因一般太阳电池可直接产生 DC12V 的低压直流电，一部分可在白天供 PEC 模组使用，另一部分可存储在蓄电池中在夜晚供 PEC 模组使用。这样可使 PEC 系统全天候工作而

使得催化效率提高，可在较短的时间内使得水体净化，且综合成本较低，具有良好的应用前景。河道污水太阳能光电催化净化装置如图4-4所示。

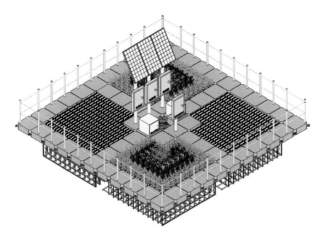

图4-4　河道污水太阳能光电催化净化装置示意图

4.3
光电催化在工业污水净化中的应用

在工业污水处理行业中，以光电催化为主的处理技术应用相对较少[8-11]。笔者收集了近年来所研究和实施的一些污水处理项目和数据以及部分工程案例，对其进行了相关分析，如图4-5和表4-2所示，供读者参考。

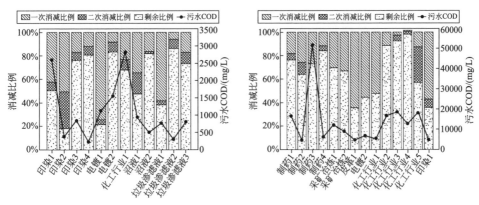

图4-5　典型水样的PEC实际处理效果

表4-2 PEC工程化应用主要的水质指标 单位：mg/L

序号	废水分类	水指标	处理前（原水）	处理后（出水）	系统优势
1	生活污水/河道水	COD	50~200	<30	设备占地面积小，节省60%；成本节约10%，运行费用降低60%；生活污水可达一级A标准；河道水可达地表水V类内标准
		TDS	300~500	<300	
		NH₃-N	3~10	<2	
		TN	5~15	<5	
		TP	0.5~1.0	<0.1	
2	工厂生产清洗废水	COD	500~1000	<100	与生产工艺兼容，高效、快捷；运行成本降低50%以上；目标群：各类零部件清洗废水；95%水量循环利用，可零排放
		TDS	500~5000	<350	
		pH值	5~10	6~8	
3	乳化液清洗废水	COD	1000~10000	<500	与生产工艺兼容，高效、快捷；运行成本降低80%以上；目标群：工业生产乳化废液；90%水量循环利用，可零排放
		TDS	500~10000	200~5000	
		pH值	5~10	6~8	
4	电镀电泳废水	COD	200~3000	<50	降低综合成本50%以上；目标群：包括电镀铜、银、金、锌、镍、铬等及电泳类的清洗废水；实现电镀金属离子的回收利用；中水/纯水的循环利用，可零排放
		TDS	300~5000	10~300	
		pH值	5~10	6~8	
5	垃圾渗滤液处理	COD	2000~10000	<100	降低综合成本30%以上；目标群：各类垃圾渗滤液；达标排放或循环利用，可零排放
		TDS	500~20000	200~500	
		NH₃-N	50~2000	1~15	
		TN	50~500	1~30	
		TP	0.5~5.0	<0.1	

注：COD、TDS、pH、NH₃-N、TN、TP均为污水指标，详见2.1.3和2.1.4。

4.3.1 光电催化技术在日化废水处理中的应用

洗涤用品（洗发水、沐浴露等）生产过程中产生的废水因有机物含量高、浊度高等，属于污水处理领域较难处理的一类废水。某日用化学品公司污水主要来自化学品反应釜的清洗排水，由于生产工艺的多变性，导致出水水质变化大。现有技术中的污水处理一般采用生化处理工艺，由于污水中化学物质性质波动大，导致微生物生长效果差，相应污水处理效果差。采用生化处理工艺所处理的洗涤废水，水量最高为20t/d，废水为灰白色，浊度较高，有臭味，COD为5000~9000mg/L。2016年启动了PEC污水处理改造工艺，以光电催化设备作为污水处理的主体，处理能力为20t/d，污水处理设备已经运行3年多时间，设施运行良好。日用化学品洗涤废水PEC处理实际工程应用如图4-6所示。污水经PEC设备处理后出水水质达到了污水纳管标准（COD<500mg/L），有效地保障了工厂生产的正常运行，具有良好的社会效益和环境效益。

图4-6 日用化学品洗涤废水PEC处理实际工程应用

4.3.2 光电催化技术在太阳电池生产废水处理中的应用

太阳能硅片厂利用表面活性剂清洗硅片，污水中含有大量的微细硅粉及表面活性剂，可生化性较差。通过对硅片厂的水样进行综合分析和实验（中试，表 4-3）的基础上，与该硅片厂已有工艺进行结合，采用分质处理的原则，对不同类型的水进行分质处理，大部分排水可实现循环利用，少部分排水可做到达标排放。太阳能硅片厂清洗废水 PEC 中试工程应用见图4-7，处理工艺流程见图 4-8。

表4-3 太阳能硅片厂水样中试数据

项目	PEC400原水	PEC400絮凝	PEC400-Ⅰ	PEC400-Ⅱ
pH 值	4.8～5.2	6.3～6.8	7.1～7.5	7.4～8.1
COD/（mg/L）	1050～2160	690～720	640～580	560～530
TDS/（mg/L）	280～320	480～530	450～470	420～440
颜色	褐色浊	清	清	清

项目	PEC300原水	PEC300絮凝	PEC300-Ⅰ	PEC300-Ⅱ
pH 值	6.3～6.8	7.1～7.5	7.4～8.1	4.8～5.2
COD/（mg/L）	1050～2160	690～720	630～570	570～510
TDS/（mg/L）	280～320	470～520	440～460	420～430
颜色	褐色浊	清	清	清

该厂污水经过混凝沉淀和气浮工艺去除大部分微细硅粉后，针对水体中表面活性剂含量不同，部分水体经超滤后作为下一工序的用水，针对表面活性剂含量很高的水体，利用光电催化工艺进行处理后，作为其他工艺使用或达标排放，表4-4 是现场实验的一些数据总结。

图4-7 太阳能硅片厂清洗废水PEC中试工程应用

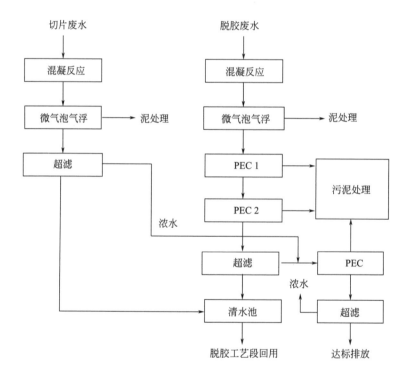

图4-8 太阳能硅片厂清洗废水PEC处理工艺流程图

表4-4 某太阳能硅片厂清洗废水进出水水质

项目	COD/（mg/L）	TDS/（mg/L）	NH₃-N/（mg/L）	TN/（mg/L）	pH值
原水	5000~9000	300~600	5~10	5~15	6~8
PEC出水	80~300	<300	<2	<1	7~9

4.3.3 光电催化技术在真空镀膜工业废水处理中的应用

真空镀膜在电子、机械、航天等领域有着广泛的应用。一般对半导体器件或零部件进行真空镀膜时，需要利用表面活性剂、自来水、超纯水等对其表面进行清洗。清洗所产生的污水的主要污染成分为表面活性剂、油及金属离子等。为实现清洁生产，做到废水的零排放，采用了 PEC 技术进行水处理工艺改造（图4-9）。将污水分类收集后，根据不同的水质特点，分别利用不同的光电催化极板和模组处理后，低盐部分污水经过超滤过滤循环利用进入初洗工艺，高盐部分污水经过 MCDI 处理与原有的超纯水进行混合后作为清洗用水。超滤浓水进入 PEC 中进行处理，MCDI 浓水与原有的反渗透浓水混合后综合处理或回用。总体排水经 PEC 等处理后，实现了循环利用，大幅节省了用水量，同时做到了废水零排放的清洁生产。部分数据如表 4-5 和表 4-6 所示。

图4-9 真空镀膜清洗废水PEC处理循环利用

表4-5 真空镀膜水质指标1（浓水）

项目	原水1	出水1	原水2	出水2	原水3	出水3
pH值	7	7	7	7	7	7
COD/（mg/L）	3335	2145	1960	1485	2690	1658
TDS/（mg/L）	4350	1980	10000	4440	3700	2400
颜色	黄	淡黄清	微黄清			

注：原水为真空镀膜废水原液，出水为经PEC处理后的水。

表4-6 真空镀膜水质指标2（清洗水）

项目	COD/（mg/L）	TDS/（mg/L）	SS/（mg/L）	pH值	颜色
原水	100～500	800～1500	60～150	4～6	微黄浊
PEC-CDI 出水	<30	<500	<5	6～8	清

注：PEC是光电催化处理工艺，CDI是电容去离子技术，COD，TDS，PH，NH₃-N，TN，TP均为污水指标，详见章节2.1.3和2.1.4。

4.3.4 光电催化技术在电泳废水处理中的应用

电镀、电泳在工业制造中是不可缺少的产业环节。随着环保政策日益趋紧，电镀、电泳类重污染型的行业生存日益艰难。如何解决电泳、电镀行业的水污染问题以零排放推动产业的发展，是急需解决的现实问题。某电泳公司主要废水为电泳清洗废水，废水里面有大量的螯合态的重金属离子及分散剂等有机物，废水需经去除有机物和离子后才能作为中水进行回用。项目以光电催化（PEC）结合膜电容去离子（MCDI）工艺作为主体（图 4-10），对该类废水进行处理。每日处理量为 30t，光电催化有效停留时间为 2h。经过实际工艺优化处理后，水的主要指标如表 4-7 所示。经 PEC 工艺处理后，再由 MCDI 处理的出水作为再生回用水，与原水进行混合后作为电泳清洗工艺使用，而浓水经过蒸发结晶后产生的微量盐类固体按照固体废物进行处理。通过上述工艺，实现了电泳厂废水的零排放，获得了良好的环境和经济效益。

图 4-10 电泳废水 PEC-MCDI 处理循环利用

表 4-7 电泳生产的进出水指标

项目	COD/（mg/L）	TDS/（mg/L）	SS/（mg/L）	pH值	颜色
原水	1000～3000	500～1500	60～150	3～10	黑浊
PEC-MCDI出水	＜10	＜50	＜5	6.5～7.5	清

4.3.5 光电催化技术在垃圾渗滤液/压滤液处理中的应用

垃圾渗滤液/压滤液属于水处理行业的难点，主要受制于此类污水的复杂多变、高盐及难生物降解等特点。现有对此类废水处理的主流工艺为膜过滤工艺，利用超滤、反渗透和纳滤等工艺对污水进行处理，出水纳管或进一步处理，浓水进行蒸发。此类工艺吨水投资和运行费用很高（处理成本可达 200 元/t）。通过实验在对此类渗滤液/压滤液及膜过滤浓水研究的基础上，开发了以光电催化为主体工艺的污水处理工艺。适当延长 PEC 有效停留处理时间，扩大电极极板间

距，研制了整套适合渗滤液处理的 PEC 设备系统。同时进行了现场中试及实际
工程应用，获得了良好的处理效果。工程应用现场如图 4-11 所示，其主要水处
理结果如表 4-8 所示。

图4-11　垃圾发电厂渗滤液PEC处理工程应用

表4-8　垃圾渗滤液的主要进出水指标

项目	原水指标	样品1	样品2	样品3	样品4
电极条件		PEC3 级	PEC1 级	PEC2 级	PEC1 级
操作电流 /A 操作电压 /V		1/0.5/0.5 3.2/1.6/6.3	0.3 5	1 3.2	0.3 6.5
操作时间 /min		20/20/90	90	30/30	120
COD/（mg/L）	936	708	612	500	444
TDS/（mg/L）	10000	10600	8000		
氨氮	9.5	10.2	7.5	6.8	7.2
颜色	棕色	黄色	黄色	黄色	黄色

垃圾渗滤液属于高盐有机废水，其主要特征有：①有机物质量浓度高，其中
腐殖酸为小分子有机酸和氨基酸合成的大分子产物，是渗滤液中长期性的最主要
有机污染物，通常有 2000～15000mg/L 的腐殖酸不能生物降解。②氨氮质量浓度
高，一般小于 3000mg/L，在 500～2500mg/L 居多，其在厌氧垃圾填埋场内不会
被去除，是渗滤液中长期性的最主要无机污染物。③渗滤液水质波动大，COD、
BOD、可生化性随填埋时间的增长而下降并逐渐维持在较低水平。传统的生化
处理工艺对其处理效果差，采用本 PEC 工艺处理后效果明显，结果如表 4-9 所
示，达到了中试和工程应用的效果及要求。

表4-9　垃圾渗滤液样品处理实验数据

样品来源	电极条件	TDS/（mg/L）	COD/（mg/L）	NH₃-N	颜色变化
样品1	0 原水	5300	570	150	黄、臭
	PEC1	5000	240	110	黄、清
	PEC2	4400	180	40	微黄、清
样品2	0 原水	4560	1050	530	橙、臭
	PEC1	4200	710	450	黄、清
	PEC2	4100	520	310	微黄、清
	PEC3	3970	450	270	微黄、清
	PEC4	3800	380	180	微黄、清
	PEC5	3700	270	130	清
	PEC6	3800	160	70	清
样品3	0 原水	6500	20000	2000	黑紫、恶臭
	PEC1	5430	16000	1800	黑、浊
	PEC2	5200	15000	1600	棕、清
	PEC3	5100	14000	1300	黄、清、味淡

参考文献

[1]　曾庆才. 德国提倡用微生物处理废水/委内瑞拉采用新技术处理石油废水/新型船用污水处理装置/FST海水淡化装置/GSS型系列海水淡化设备研制成功/清洁生产[J]. 海洋技术，2000，（014）：234-235.

[2]　曾庆才. EDR装置在海水淡化系统中的应用[J]. 建筑工程技术与设计，2018（014）：5315.

[3]　解利昕，李凭力，王世昌. 海水淡化技术现状及各种淡化方法评述[J]. 化工进展，2003.12（05）：1081-1084.

[4]　杨胜全. 海水淡化反渗透膜化学清洗技术浅析[J]. 净水技术，2014，33（S1）：60-63.

[5]　汤培，桑大力. 复合反渗透膜的研究进展[J]. 信息记录材料，2019，20（8）：15-17.

[6]　郝晓翠，赵旭，王亮，等. 海水制盐及综合利用过程中锂的定量分析及富集规律研究[J]. 盐业与化工，2018，047（006）：34-36

[7]　吴宗生. 电渗析制卤——热泵法制盐工艺的研究[J]. 盐业与化工，2014，43（5）：20-22.

[8]　周震，阎杰，王先友，等. 纳米材料的特性及其在电催化中的应用[J]. 化学通报，1998，（04）：23-26.

[9]　冯玉杰，崔玉虹，孙丽欣，等. 电化学废水处理技术及高效电催化电极的研究与进展[J]. 哈尔滨工业大学学报，2004，36（4）：450-455.

[10]　刘守新，刘鸿. 光催化及光电催化基础与应用[M]. 北京：化学工业出版社，2006.

[11]　唐建伟，李孟，李肇东. 光电催化氧化处理中各类活性物质的氧化机理[J]. 中国环境科学，2019，39（05）：2048-2054.

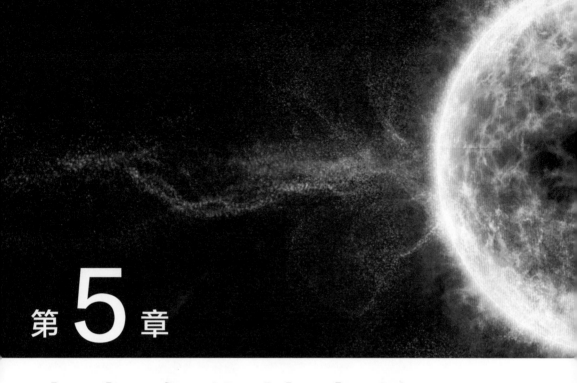

第 5 章

光电净化技术的应用展望

5.1
光电净化技术相关的材料发展

5.1.1　光催化材料体系

　　光催化材料的种类很多，根据材料种类可以分为金属氧化物或硫化物半导体催化剂、分子筛催化剂和有机物催化剂三大类。不同的光催化剂所对应的氧化技术在环境和能源领域中有着不同的应用，一般包括污水处理、气体净化、广谱抗菌杀毒、光解水制氢、还原二氧化碳合成有机物等。

5.1.1.1　半导体光催化剂

　　在不同的种类中，半导体光催化剂是最普遍的光催化材料。纯半导体光催化剂一般都具有较宽的能带带隙，主要吸收太阳光中紫外光波段，而且大部分材料的稳定性也不理想。在近30年的研究中，半导体光催化剂中以二氧化钛（TiO_2）应用最为广泛，主要是因为其性能优越且稳定，所以在光催化领域一直占据着主导地位。越来越多的研究表明金属氧化物催化剂，特别是含有大量的二元、三元或四元氧化物的催化剂均表现出较好的光催化活性，可应用于降解有机污染物等。例如，钨铋酸（Bi_2WO_6）与锐钛矿（TiO_2）具有类似的光催化活性，但稳定性比 TiO_2 的差。为提高半导体光催化剂的催化效率，可以采用掺杂或者与其他半导体材料复合等手段，扩大材料的光吸收范围，有效抑制光生电子与空穴的复合。

　　半导体材料的掺杂主要包括贵金属元素（Ag、Pt、Au 等）掺杂、非金属元素（C、S、N、F、I 等）掺杂以及金属和非金属元素（$Pt-N/TiO_2$ 等）共掺杂。复合光催化剂一般是指将两种或两种以上（其中至少有一种具有光催化性能）的异质材料结合在一起形成的复合材料。按照两种材料的性质和复合结构的不同，可分为半导体间异质结、半导体 / 贵金属异质结（肖特基结）、半导体 / 碳材料异质结和半导体 / 聚合物异质结等，例如 TiO_2/GO、$ZnO/g-C_3N_4$ 复合光催化剂等。异质结结构可以有效地提高材料的光催化效率，也是当前光催化领域的研究热点之一。

　　半导体光催化技术是众多领域研究的关注点，包括材料、环保、化工、化学等研究领域，并取得了引人瞩目的成果。科学工作者致力于研究半导体的光催化反应原理，开发新型、高效的光催化剂以及设计光催化反应仪器、设备等，并不断扩展光催化技术的应用范围。目前已有基于光催化技术的产品逐步产业化并走向市场，例如，降解室内有机物甲醛等的光催化空气净化产品等。光催化技术在解决环境污染和能源短缺方面具有重要的应用潜力，对于现代社会的绿色发展具有重要意义。

5.1.1.2 半导体光催化剂的改性技术

半导体光催化剂的禁带宽度较宽，例如金红石 TiO_2 的禁带宽度为3.0eV，锐钛矿 TiO_2 的禁带宽度为3.2eV，对光的催化反应主要在紫外光波段吸收，缺乏对可见光的响应。另外，半导体光催化剂在光催化过程中的电子-空穴对复合率高，量子效率低，限制了光催化技术的应用。因此，需要对光催化剂进行改性，以提高半导体光催化剂的活性。改性方式包括金属及非金属掺杂、贵金属表面沉积、染料光敏化、半导体复合等[1]。以 TiO_2 为例，其表面改性的材料体系和方法如图5-1所示。

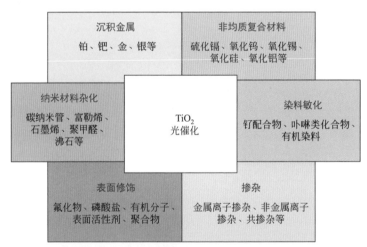

图5-1 TiO_2表面改性的材料体系和方法[2]

（1）贵金属表面沉积

在半导体表面用化学法或物理法沉积贵金属，可以通过导电特性的改变来提高电子-空穴对的分离效率，进而增强催化活性。主要是两个方面的作用：一方面，半导体的费米（Fermi）能级比贵金属的高，当两种材料复合连接在一起时，光激发的电子会不断地从费米能级较高的半导体流向费米能级较低的贵金属，直到二者的费米能级相同，达到新的平衡，从而增加光催化剂的量子效率。另一方面，当半导体表面有贵金属存在时，载流子的分布会形成肖特基

（Schottky）势垒，可以有效地捕获激发电子，从而抑制光生电子（e⁻）- 空穴（h⁺）对的复合。

（2）离子元素掺杂

离子掺杂通常是指将不同的离子掺杂到半导体离子晶格结构内部，形成新的晶格缺陷或改变晶格类型，这里掺杂的离子包括金属离子和非金属离子。不同价态的金属离子对半导体光催化剂性质的影响会有所不同，掺杂的离子可以捕获半导体导带上的激发电子，改善光生载流子的分离效率，从而提升电子 - 空穴对的分离效率。或者也可以形成新的掺杂能级，使其对长波段的光（可见光）有一定响应，从而扩展半导体的光谱吸收范围，以实现提高催化效率的目的。非金属离子掺杂多用 F、N、S、C 等元素，通过取代晶格内的氧空位，改变光催化剂的禁带宽度，从而拓宽光的吸收范围，实现对可见光的响应。非金属元素也可进行共掺杂，形成三元甚至四元以上的复合体。共掺杂离子之间的协同效应使能带之间发生杂化，从而引起更强的光吸收，激发更多光生电子，有利于可见光催化性能的提高。

（3）半导体复合

目前，将两种或两种以上不同能级的半导体通过一定的方法复合在一起，构建成特殊异质结结构也是提高光催化效率的有效手段之一。半导体之间由于能级不同，将发生光激发电荷的传输和分离，从而提高电荷分离效率，拓展光谱响应范围。与单一半导体光催化剂相比，复合半导体光催化剂的稳定性可以进一步得到提高。

半导体复合光催化剂种类较多，有等离子光催化剂，如复合了贵金属的 Au/TiO₂、Ag/TiO₂、Ag/AgCl 等；有三元体系复合光催化剂，如 Zn₂GeO₄（锗酸锌）、Ag₃PO₄（磷酸银）、BiVO₄（钒酸铋）等；有石墨烯复合半导体光催化剂，如 ZnO/GO（氧化石墨烯）、TiO₂/GO、ZnS/GO 等；还有 g-C₃N₄ 基复合光催化剂，如 Zn₂GeO₄/g-C₃N₄、TiO₂/g-C₃N₄、ZnO/g-C₃N₄ 等。在 Gomes 等[3] 的工作中，详细综述了 TiO₂ 分别和导电聚合物、碳材料构建的新型异质结光催化剂，包括 TiO₂/PoPD（聚邻苯二胺）、TiO₂/PANI（聚苯胺）、TiO₂/PTh（聚噻吩）、TiO₂/PPY（聚吡咯）、TiO₂/CNTs（碳纳米管）、TiO₂/GO（氧化石墨烯）和 TiO₂/g-C₃N₄（石墨相碳化氮）等，不同的复合体对氧化钛光催化性能的改变差异性比较大。Yu 等[4] 于 2014 年综述了全固态体系光催化异质结，分析构建了 PS-PS 和 PS-C-PS 体系，为全固态体系异质结光催化剂的设计和应用指明了方向，异质结光催化剂的催化机理主要如图 5-2 所示。

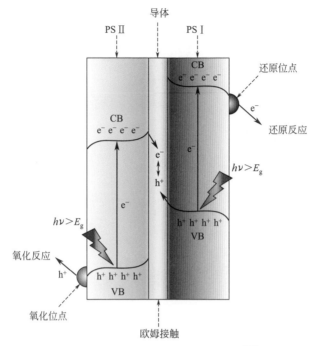

图5-2 异质结光催化剂的催化机理[2]

Nakata 等[5]的综述中对经典光催化剂 TiO_2 的改性制备方法进行了总结，包括用静电纺丝技术制备 TiO_2 纤维、阳极处理 TiO_2 纳米管等，对半导体光催化剂的发展提出了一种新的思路及方向。另外，Yu 等[4]对目前的热门材料"石墨烯"在光催化上的应用进行了综述，对石墨烯基纳米材料的制备、异质结设计和构建、石墨烯提高光催化活性机理等内容进行了综合性阐述，如图 5-3 所示，对于指导和调控石墨烯用于光催化领域的研究有重要的参考价值。

（4）染料光敏化

染料敏化法制备复合光催化剂时会将光敏化化合物吸附在半导体光催化剂的表面，利用染料对可见光的强吸收性，使复合光催化剂体系的光谱响应延伸到可见光波段。吸附在半导体催化剂上的光活性化合物在可见光下会被激发并产生光电子。激发态的光活性分子将电子转移到光催化剂的导带上，从而扩大光催化剂激发波长的范围，提高光催化氧化的效率。光敏化剂有金属铱的联吡啶配合物系列、金属钌的联吡啶配合物系列、卟啉系列、酞菁和菁类系列、叶绿素及其衍生物等[6]。

5.1.1.3 分子筛光催化剂的研究现状

分子筛光催化剂体系，大部分利用的是与过渡金属离子相关的技术，在紫外

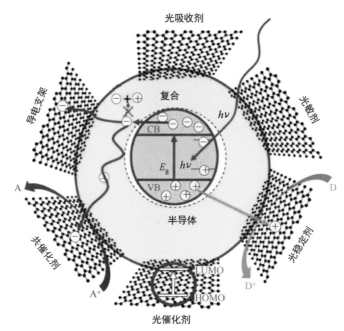

图5-3　石墨烯在光催化体系中的重要作用[2]

光和可见光下激发，然后由光生电子和空穴引起反应。与半导体光催化剂不同的是，在分子筛这种特殊的反应场所中，光催化作用体的引入以及如何提高效率，均离不开分子筛本身微环境的影响和协调。下面根据分子筛光催化剂体系的组成分类进行了举例。

（1）金属离子／分子筛体系

通过离子交换可以得到 Cu^+（或 Ag^+ 或 Pr^{3+}）/ZSM-5 等体系，对氧氮分子（NO_x）、二氧化碳（CO_2）水汽还原反应具有光催化活性，Anpo 等人则对以上体系的反应机理进行了比较深入的研究[7,8]。在这些体系中，首先，离子交换后活性位会分散在分子筛的空腔中；其次，引入的阳离子的局域环境会发生改变，从而激发产生电子-空穴对。与半导体氧化物相比，这种局域化激发产生的光生电子-空穴对可以直接参与反应而不需要电荷分离，因此光催化活性更强。Calzaferri 等[9]用离子交换法获得了 H_2S 处理脱水的 Ag/Y 和 Ag/ZK-4，在稳定的分子筛骨架中制备了小颗粒 Ag_2S 和 Ag_4S_2。经紫外光激发后，会发生 Ag_2S 向 Ag_4S_2 的能量输运。其前期研究表明，AgCl 光电极在适当的条件下可以光催化氧化水产生 O_2，通过与 Br 共掺杂后，复合体成为一种更有前景的光催化材料。早在 1986 年 Reber 和 Rusek[10]已将 Ag_2S 应用在 CdS 体系中并具有较好的光催化敏化作用，其光谱响应从 520nm 扩展到了 620nm。Calzaferri 等研究的分子筛负载的 Ag_2S 和 AgCl 可进一步应用于可见光催化分解水，分子筛的主要目的是充分增大活性物种的表面积[9,10]。1992 年 Wang 等[11] 报道 $[Pt_3(CO)_6]_n^{2-}/NaY(n=3,4)$ 应用于水气变换反应。与其他体系不同，在无光照时的温和条件下分子筛光催化剂也具有一定的催化反应活性。当有光照时，反应速度更是大幅增加。这主要是因为可见光会在分子筛中散射和透过，然后被铂羰基簇俘获；铂羰基簇中桥式 CO 与分子筛孔中的溶剂化水相互作用而活化。因此，分子筛也可被认为是一种具有活性的微型反应器。

（2）杂原子分子筛光催化剂

在水热法合成纳米晶体的过程中，通过同晶取代使杂原子掺入骨架中，也是一种有效提高光催化活性的手段，目前已有的体系种类繁多，例如：TS-1、Ti-β、ETS-10、VS-1、VS-2、$FeAlPO_4$、Ti-HMS、Ti-MCM-41、Ti-MCM-48、V-HMS、Cr-HMS、Mo-MCM-41[12-14] 等，具体名称可查阅相关文献。这些分子筛中，除 ETS-10 外，过渡金属离子都可独立地与氧形成四面体，并高度分散于骨架中。进入骨架后的过渡金属离子所处的环境与其在氧化物体相中是不同的。比如，Ti 分子筛中骨架 Ti 离子为四面体配位，在 TiO_2 体相中 Ti 离子则为八配位，前者对光响应比后者有所蓝移，使 Ti 原子光催化氧化还原能力增强。同时，没有了大量存在的光生电子 - 空穴的体相复合，在相同条件下，杂原子分子筛的光催化反应活性一般都比相应的半导体氧化物体相高。由于其化学环境确定，对应的分子筛光催化产物的选择性也更高[7]。

不同的分子筛结构对光催化反应也会有较大影响，如 TS-1 具有孔径约为 0.57nm 的三维孔道结构，Ti-MCM-41 为孔径大于 20nm 的一维孔道结构，Ti-MCM-48 为孔径大于 20nm 的三维孔道结构。应用于 CO_2 光催化还原的反应活性和生成甲醇的选择性最高的都是 Ti-MCM-48。对 VS-1 和 V-HMS 的比较也得出同样的结果，即孔径效应是决定分子筛光催化剂反应性能的重要因素之一[15]。

（3）半导体氧化物负载的分子筛

研究较多的另一个领域为半导体 / 分子筛体系，引入的半导体通常有 TiO_2、V_2O_5 等，其中以 TiO_2 的研究最多。制备方法包括离子交换法、机械混合法、化学气相沉积法、固态扩散法、溶胶 - 凝胶法、浸渍后焙烧法、固态离子交换法等。

离子交换法多采用草酸钛钾 $(TiO)K_2(C_2O_4)_2 \cdot H_2O$ 或草酸钛铵 $(NH_4)_2(TiO)(C_2O_4)_2 \cdot H_2O$ 作为钛源，进行离子交换后，在较低温度条件下烧结、聚合，然后焙烧，通过以上过程的重复来增大钛含量。交换后钛的含量、分子筛的类型等变

化都会引起漫反射谱和光催化活性的变化，吸收光谱会发生蓝移，如 TiO_2/Y 的能带吸收边为 3.4eV，TiO_2/β 和 $TiO_2/$ 丝光沸石的则为 3.6eV。Y 分子筛与丝光沸石不同的孔道结构导致了吸收边不同，也有人认为可能是分子筛的结构造成的 TiO_2 粒子尺寸量子效应所致。但从光谱学上，实现蓝移对应的并不是量子尺寸效应所引起的禁带宽度增大，而是直接跃迁。这与在分子筛孔道中实现量子尺寸效应现象的期望并不一致，有待进一步深入探索。另外，固态离子如 Fe^{3+}、V^{5+} 通过交换法能将高电荷的离子引入分子筛。Higashimoto 等 [16] 研究了由 H-ZSM-5 和 $FeCl_3$ 固态反应生成的 Fe-ZSM-5 催化剂光催化降解一氧化二氮（N_2O）受不同硅铝比的影响。体系中 Fe 以四面体配位的氧化物形态存在的，这种高分散的扭曲的铁氧化物四面体与沸石 ZSM-5 中的铝离子相互作用，对于 N_2O 光催化降解具有重要的促进作用。若直接将分子筛加入反应液，也有助于反应的进行。负载金属铂的传统光催化修饰方法不会影响分子筛的结构而且对反应有利。杂原子分子筛负载的 TiO_2 也有报道 [17]，如单金属双中心 Ti-MCM-41 分子筛光催化剂中，存在着选择性氧化活性中心（骨架 Ti）和光催化活性中心（非骨架 Ti），因此其催化活性比骨架取代的 MCM-41 负载 TiO_2 高。

TiO_2 与分子筛的机械混合也有较多的应用，借助于 TiO_2 的光响应特性和分子筛孔道的择形效应实现环化等反应。在 $TiO_2/$ 分子筛体系中由邻苯二胺和 1,2-丙二醇一步光催化合成 2- 甲基喹喔啉的实验证明了这一点。对于这些分子筛体系，憎水性和酸性位强度都是重要的影响因素，适中的憎水性和酸度对于环化更加有利。

溶胶 - 凝胶法多采用钛酸丁酯、四异丙醇钛、四乙醇钛作前驱体，在氮气保护下与干燥过的分子筛搅拌，回流反应 4～24h，再经洗涤、水解、过滤、干燥后焙烧。先浸渍后烧结一般由钛酸丁酯等浸渍后与空气中水分水解且蒸发、干燥、烧结，其本质上还是属于溶胶 - 凝胶法。对不同有机物的最高光降解活性，对应了不同的负载量（与表面积和亲水性相关），均优于锐钛矿 TiO_2 的光降解性能。这些现象与荧光寿命的现象和机理描述是一致的。

化学气相沉积（chemical vapor deposition，CVD）法一般以 $TiCl_4$ 为钛源，通过氮气载气输运至体系，再通水气饱和氮气反应得到 $TiO_2/$ 分子筛。有科学家曾应用 CVD 法制备 TiO_2/FSM-16 催化剂应用于 CO_2 和 H_2O 光催化反应，CVD 前分子筛预处理温度越高，钛物种能较好地分散在分子筛孔道中，甲烷的产率缓慢降低，甲醇的产率和选择性提高，且性能比 Ti-MCM-41、Ti-MCM-48 好得多。

如上所述，通过对半导体氧化物负载量、分子筛的孔径、酸碱性和亲水亲油性等优化后，光催化反应活性和选择性比单纯的半导体光催化剂一般都有不同程度的提高。

（4）光敏剂负载的分子筛体系

分子筛中加入敏化剂是另一类重要的分子筛光催化体系。具体制法主要有锚定敏化剂于 H^+ 分子筛、阳离子交换敏化剂于 M^+ 分子筛和吸附三种方式。在稳定的分子筛骨架的保护下，敏化剂/分子筛体系中的敏化剂受 OH· 等攻击的可能性降低，从而更加稳定，也易于分离。研究结果表明，该类体系中分子筛内扩散系数（$10^{-7}cm^2/s$）比电化学决定的电荷输运系数高出两个数量级，快速分离使光生电子与光生空穴有较大的空间距离，而且供体-受体的电子输运形式是电子-空穴的复合，在分子筛表面比在溶液中慢 10^5 倍，所以辐射复合比半导体体系更难于发生，光生电荷的分离寿命为从几十微秒到几小时，大大有利于光催化效率的提高。敏化剂/钛分子筛体系结合了敏化和钛分子筛的优点，整体的光量子产率随钛含量的增加而增加。

5.1.2　纳米电催化材料体系

电催化是一种使电极、电解质界面上的电荷转移加速反应的催化作用。随着人们环保意识的增强，电催化作为一种洁净的催化过程越来越受到重视，并被广泛应用于有机电合成、燃料电池等领域。为了节能降耗或提高燃料电池的转化效率，开发研制新型的高效电催化材料成为电催化应用研究中的核心技术。

将纳米材料引入到电催化研究中，给新型电催化材料的开发注入了新的活力。下面将简单介绍近几年来人们对纳米电催化材料的研究成果。表 5-1 为纳米电催化材料的简单分类及举例。

表5-1　纳米电催化材料的简单分类及举例

种类	举例
纳米金属	金：Au（3～5nm） 铂：Pt（2～20nm）
纳米合金	$Wu_{0.013}Ru_{1.27}Se$（1.2～2nm） 铂铅锑合金：Pt-Pb-Sb（10nm） 钴锰合金：Co-Mo（20～100nm） 铂钼-钴（铬、镍）合金：Pt-M（30～100nm）M=Co，Cr，Ni 镍锰合金：Ni-Mo（1.7nm）
纳米氧化物	钌铁钛及其氧化物：Ti_2RuFe/Ti_2RuFeO_2（6～100nm） 氧化铱：IrO_2（4.2nm）

续表

种类	举例
纳米复合材料	表面修饰金纳米颗粒的有机物：Au/有机物（2～5nm） 表面修饰铂或铂钌的碳纳米管：Pt（或Pt/Ru）/CNT（2～7nm） 表面复合金的三氧化二铁：（Au+Fe$_2$O$_3$）（Au 3.2nm，Fe$_2$O$_3$ 20～50nm） 金复合的酶：（酶/Au）（50nm） 金修饰的DNA：DNA/Au（20nm） 掺铁沸石：[Fe（bpy）$_3$]$^{2+}$/沸石（0.74nm）

（1）改善电催化性能

与非纳米材料相比，使用纳米电催化材料可大大降低过电位，主要是电催化过程中阳极氧化起始电位负移，阴极还原电位正移，因此峰电流显著增大，说明纳米电极的电催化材料具有改善的电催化性能。典型的改善电催化性能的纳米材料列于表5-2中。

表5-2　纳米电催化材料的电催化性能

纳米电催化材料	反应	电催化性能
镍-钼合金（Ni-Mo）	氢析出	过电位降低 交换电流密度增大
金修饰三氧化二铁（Fe$_2$O$_3$+Au）	甲醇氧化	阳极氧化电位会负移
铂铅锑合金（Pt-Pb-Sb）	草酸还原	起始还原电位会正移
金（Au）	CO氧化	过电位降低
二氧化钛（TiO$_2$）	草酸还原	起始还原电位会正移

在介观状态下，随着纳米颗粒的减小，表面原子数占总原子数的比例会迅速增加。表面原子所处环境与内部原子有所不同，它周围缺少相邻的原子，会有许多悬空键，具有不饱和性，因此易与其他原子相结合。纳米颗粒尺寸减小，会导致其比表面积、表面能及表面结合能迅速增大，使它表现出很高的化学活性。在研究中，人们也逐渐发现，材料的电催化活性与纳米颗粒尺寸的减小存在特殊的规律。

反应体系不同，电催化活性随纳米颗粒尺寸的减小会出现相反的变化规律。例如，在析氢反应中，若将Ni-Mo合金的电催化性能与颗粒的纳米尺寸关联起来，发现合金的电催化性能与颗粒尺寸之间存在着线形关系。随着颗粒尺寸的减小，析氢过电位会逐渐降低，说明电催化活性逐渐提高。当颗粒尺寸减小至接近零时，形成的准非晶结构的析氢过电位只有28mV。纳米Ni-Sn合金的研究中也发现了类似规律。与析氢反应的规律相反，在氧还原及甲醇电氧化体系中，电催化活性会随纳米颗粒尺寸的减小而出现下降的趋势[18,19]，表5-3给出了氧还原体系中的一些结果。

表5-3　氧还原体系中的尺寸效应

纳米颗粒尺寸		70	45	35	28	23
比活度 / (μA/cm²)	铂（Pt）	210	180	120	100	90
	铂-钴（Pt-Co）	350	200	110	100	
氧还原电位 /mV	铂（Pt）	525	510	470	460	430
	铂-钴（Pt-Co）	500	490	480	390	

从表5-3中可知，随纳米颗粒尺寸的减小，电流密度及相应的比活性会逐渐减小，氧还原电位出现负移现象，说明氧还原的难度增大，因此该纳米电催化材料体系的电催化活性随颗粒尺寸减小而下降。纳米电催化材料活性随颗粒尺寸减小的变化规律是依体系不同而不同的，其中原因和规律还有待进一步确认。有研究者认为，电催化活性的变化可能与纳米微粒的表面晶面和电子状态有关，也有人认为与氧物种在小颗粒表面的强吸附有关。例如铂材料，不像较大颗粒那样与体相数值接近，也不像较小颗粒那样大大偏离体相的数值，10nm是纳米铂粒子偏离体相性质的边界尺寸。

（2）涂层钛阳极（dimensionally stable anode，DSA）

二维电催化法以DSA为阳极，利用阳极表面的电极反应产生的·OH等强氧化性物质对废水中的有机污染物进行氧化降解。由于·OH具有较高的氧化电位，且没有选择性，因此该方法对COD的去除效果较好。不同的阳极材料会影响COD的去除率，而且有些阳极材料不仅产生·OH，还能产生H_2O_2，可以进一步促进有机物的降解。当废水中含有Cl⁻或外加NaCl电解质时，对COD的降解也具有一定的促进作用。例如，采用Ti/IrO_2-RuO_2电极处理含Cl⁻的纺织废水，提高Cl⁻含量能提高COD的去除率。一般情况下，DSA电极的释氧电位比较低，降解有机物时直接氧化过程的电流效率较低，但当溶液中存在Cl⁻时，电极表面发生析氯反应，间接氧化降解废水中的有机污染物。

电催化氧化法不仅能有效地去除COD，还能去除废水中的氨氮[20]。刘珊等[21]将SnO_2/Ti为阳极材料并加入NaCl电解质，对垃圾渗滤液进行预处理，结果发现COD和氨氮的去除率分别可达到68.94%和70.40%，氨氮的去除率高于COD的去除率。代晋国等[22]则利用Ti/RuO_2-IrO_2-TiO_2为阳极，钛电极为阴极，对垃圾渗滤液进行处理。结果表明，在电流密度为30mA/cm²时，处理6h后，COD

的降解速率为 4.4mg/（L·min），氨氮降解速率则为 7.0mg/（L·min）。

DSA 电极对废水中 COD 和氨氮的去除均有较好的效果，将其用到实际工业废水的处理中，对简化实际工业废水处理流程、降低投资运行费用、减少二次污染物的产生具有重要意义。

5.2
光电净化技术在环保领域的应用前景

光电催化通过选择半导体光电极（或粉末）材料和（或）改变电极的表面状态（表面处理或表面修饰催化剂）来加速光电化学反应的作用。光电化学反应是指光辐照与电解液接触的半导体表面所产生的光生电子 - 空穴对被半导体 - 电解液结的电场所分离后与溶液中离子进行的氧化还原反应。

5.2.1 对有机废水的降解净化

将 TiO_2 与石墨烯制成复合材料，有可能及时转移走光生电子，消除它与光生空穴的复合，并使 TiO_2 吸收波长红移，达到在可见光的条件下具有较好的催化能力。利用 $Ti（SO_4）_2$ 水解在氧化石墨烯层间成核生长纳米 TiO_2 颗粒所制得的 TiO_2/ 石墨烯复合材料，具有优良的晶型结构、良好的孔径结构和比表面积、较强的可见光响应能力及良好的电化学性质。在可见光照射下，复合材料表现出良好的响应能力，光催化能力明显优于 TiO_2。在外加电极电位的作用下，复合材料表现出更优的光电协同效应，其光电催化性能明显优于其光催化性能，在降解有机污染物中具有较好应用前景。

目前，含油废水处理方法主要有物化、生化及化学法三类。物理方法是典型的初级处理方法，可作为油田采出液的预处理降低出水油含量，但对水中高分子聚合物基本没有去除效果；生物法处理石油烃等有机物是可行的，但对于盐含量高、含有大量聚合物的海上油田废水，处理效率有限；化学法通过对采出液中乳化液颗粒的稳态破坏或者直接降解有机物实现废水的高效深度处理，研究较多的含油废水深度处理及促进聚合物高效降解的方法主要是高级氧化法，基于运用电、光辐照、催化剂等，有时还与氧化剂结合，在反应中产生活性极强的自由基如硫酸自由基、羟基自由基等。通过膜处理与光电催化组合工艺的结合，可高效深度处理海上油田高盐含聚采油污水，废水经预处理 SS、石油类含量降低，降低对后续深度处理单元的影响，光电催化深度处理单元利用光催化和电催化作用产生的·OH 及其他活性基团矿化剩余污染物。停留时间、电流密度对光电催化体系处理效果有一定的影响，而 pH 则影响不大。停留时间越长，出水水质越好；在停留时间为 50min 的条件下，控制电流密度 $10mA/cm^2$ 为宜，pH6～8.5，出水 COD≤50mg/L，石油类≤3mg/L，满足企业要求。

5.2.2 空气净化

以 TiO_2/ 纳米管为光催化剂，结合活性炭吸附海绵可以制成光电催化空气净化器。利用二氧化钛纳米管烧结后结晶体中的锐钛矿的高活性，催化分解空气中的甲醛。活性炭吸附海绵虽然效果不如光催化剂，但是其可以吸附颗粒灰尘，防止光催化剂被污染。通过在催化剂上外加电场，可以促进甲醛分解，进而提高空气净化效果。外电场中电势梯度的存在使其捕获光生电子的能力提高，光生电子向阳极方向定向移动，进而降低了电子 - 空穴对的复合率，整个光催化剂的净化能力因此得到明显提高。但是激发出的光电子数量有限，外加电流只是一个外加的提升手段，光电子数量主要来源于光催化剂的晶型、结构等自身性质，因此外场电流到达一定大小后，对光催化剂的提升效果不再增加。

5.2.3 光电催化在COD测定中的应用

化学需氧量（COD）作为水污染监控中的重要指标，常被用来评价水体污染的严重程度。重铬酸钾氧化法是测定 COD 的国家标准测定方法，也是最常用的测定方法。但是由于重铬酸钾氧化能力有限，无法彻底氧化难降解有机污染物，因此重铬酸钾氧化法在测定含有难降解有机污染物的复杂电镀废水时，会产生较大的测定误差。 同时重铬酸钾法还无法测定低浓度水体的 COD。此外，重铬酸钾氧化法还存在着测定时间长、二次污染严重等问题，这些问题限制了重铬酸钾氧化法在电镀废水 COD 测定中的应用。

近年来，国内外在测定方法的研究上，发展了一些有别于传统重铬酸钾氧化剂的测定方法，其中之一就是通过利用纳米电极光电催化产生的氧化能力极强的光生空穴、标准电势或羟自由基标准电势做氧化剂，替代重铬酸钾标准电势氧化剂，以解决重铬酸钾氧化能力不足和测定时间长、二次污染等问题。在研究纳米管阵列传感器基础上，通过利用纳米管阵列传感器的强氧化能力和薄层反应器体积小、传质快、反应快的特点，建立了光电催化测定新方法。在此基础上，通过软硬件的设计集成光电催化自动测定装置系统，可以利用该系统对电镀废水、电

泳废水、清洗废水等 COD 的测定进行研究，系统具有快速、准确、无二次污染等特点，可以应用于更多种类废水等复杂水体 COD 的测定。

5.2.4　光电催化技术在重金属离子回收中的应用

以 TiO_2/Ti 薄膜为阳极，施加一定强度电场，紫外光照射阳极时，阳极能产生羟基自由基和光生空穴，能对有机物无选择地氧化降解，且电场的施加能降低光生空穴与光生电子的复合率，还能在阴极实现重金属的回收。

电催化、光催化、光电催化对罗丹明 B 均具有较好的降解作用；电催化对罗丹明 B 的降解率为 70%，光催化对罗丹明 B 的降解率为 40%，光电催化对罗丹明 B 的降解率可达 80%。当罗丹明 B 和重金属混合后，由于重金属与罗丹明 B 分子发生了络合效应，单独光催化和单独电催化的降解效果均较差，因此均难以去除罗丹明 B；光电催化氧化仍然对罗丹明 B 有着较好的去除效果，并且对 Cu^{2+} 有着较高的回收率。碱性条件下 Cu^{2+} 完全沉淀，酸性条件时罗丹明 B 得到较好的降解，Cu^{2+} 回收率接近 90%。光电催化处理混合体系时，电流密度越大，则 Cu^{2+} 的回收率越高，但当电流密度增加到一定值后，再增加电流密度则对 PEC 降解罗丹明 B 的影响微弱。

5.2.5　光电催化材料在传感器中的应用

光电催化（PEC）传感器是基于电极 / 溶液界面的光诱导电子转移过程而发展起来的传感器件，其基本工作原理是：电极表面的半导体材料被光信号激发，电子由价带跃迁到导带，产生电子 - 空穴对；当电解质溶液中存在电子供体或受体时，可导致电子与空穴分离，在外电路形成光电流及光电压信号；基于待测物对光电化学反应过程的影响，利用其浓度与光电流或光电压之间的关系，即可建立待测物的光电化学定量分析方法。

光电催化传感器在测量信号、检测方法和仪器装置等方面与电化学传感器基本相同，但该传感器使用了光激发信号，采集的是电信号，因而能获得更高的灵敏度和信噪比。对光电催化传感器而言，选择合适的半导体光电材料至关重要，这些材料的结构及性质决定其分析性能和应用范围。

目前，光电催化传感领域已经发展出一系列不同类型的碳基及金属基半导体材料，涉及溶剂热、化学浴、电沉积、溶胶 - 凝胶、层层组装、静电纺丝和磁控溅射等合成或制备方法。这些光电传感材料及薄膜可直接应用于电活性有机或无机小分子 / 离子的快速光电化学检测，也可以与生物大分子或分子印迹识别体系相结合，发展高灵敏、高选择性的光电化学生物分析方法。然而，现有的光电材料或薄膜在实际应用过程中仍存在诸多不足，比如转换效率不高、稳定性差、均匀性不佳等，极大地限制了光电化学传感器性能的进一步提升。其中，以 CdS QDs 为代表的金属基半导体材料被证明具有非常优良的转换效率和分析性能，但存在氧化能力太强或含有毒重金属元素等问题。因此，以富勒烯、氮化碳和碳点为代表的碳基半导体光电材料将得到更广泛的关注。

目前大量的光电催化传感器采用滴涂、浸泡等方法制备半导体薄膜，存在均匀性和重现性相对较差等不足，导致其与光源耦合困难，限制了其在空间分辨光电化学传感方法中的应用。因此，发展高转换效率、高均匀、高稳定、窄带隙光电薄膜的高效、可控制备方案及其应用体系，将是未来光电催化或光电化学传感领域的重点研究方向。

5.2.6 光电催化材料在太阳能分解水方面的应用

利用半导体光催化捕获太阳能分解水制氢，是一种理想的应对目前环境与能源问题的有效方式。光电催化水分解电池，是通过半导体电极吸收太阳光产生光生载流子，而后通过载流子在体相或外电路的迁移，从而与水发生氧化或者还原反应。光电催化水分解电池能够将太阳能转化氢能进行存储，不受太阳光时间、空间分布不均的影响。

p-n 叠层光电催化水分解电池结构如图 5-4（a）所示，太阳光从 n 型光阳极侧照射，光阳极吸收短波长的光，长波长光穿透过光阳极被后侧的光阴极吸收。在光阳极上发生水的氧化反应，光阴极上发生水的还原反应。为了使得此器件能够无偏压工作，需要光阳极和光阴极的光电流相互匹配、有交点。

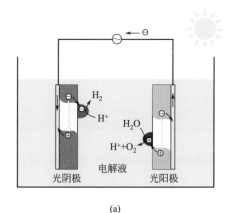

(a)

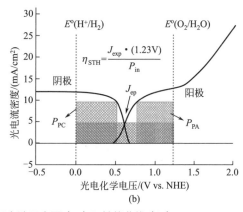

(b)

图5-4 p-n叠层光电催化水分解电池示意图（a）和性能曲线（b）

光电催化太阳能分解水制氢，能够直接将太阳能捕获、转化、存储为化学能，是应对目前能源与环境问题的有效方法。在光电催化太阳能分解水中，半导体光电极的性能决定了太阳能转化效率。但是对于半导体光电极，由于存在光生载流子的复合和传输距离短等问题，使其光电化学性能受限。通过电极的形貌调控、离子掺杂以及其表面的钝化层和过渡金属电催化剂改性等方面，可以有效提高光催化电极的性能。

5.3
光电净化技术的发展前景展望

光电净化工艺采用了类似自然净化的模拟技术手段，可快速高效地净化污水，充分利用了太阳能的光电效应，显著节省了水处理的成本费用，以水资源的循环利用为主线，大幅节省水资源。未来光电净化技术的发展重点包括：①能源主要以太阳能为主，可直接利用阳光（光催化），也可间接利用阳光（光伏、光热、光电催化等）；②采用以分离分类为主的减量化技术、以水循环利用为主的工艺技术。

水处理的发展趋势是小型化、分布式，就近处理及循环利用，避免大规模管网建设集中处理，可大幅节省水资源、处理成本及土地资源等，非常适合发展光电净化技术和工程应用。在未来的水环境净化领域，[如工业污水处理、生活污水净化、海水淡化的综合利用（淡水和精盐制备）、江河湖泊水体的净化等]将会大量采用以太阳能为主的清洁能源。光电净化结合人工与自然生态净化，包括光电催化与生态处理净化各方的优势，可做到以清洁能源为主，以水资源循环利用为目标，以绿色生态方式进行环境的净化和可持续发展。

参考文献

[1] Wang W J，Li G Y，Xia D H，et al. Photocatalytic nanomaterials for solar-driven bacterial inactivation：recent progress and challenges [J]. Environmental Science：Nano，2017，4：782-799.

[2] 迈进光催化大门，请从这十篇综述开始[EB/OL].http：//www.cailiaoniu，com/142963.html.

[3] Reddy K R，Hassan M，Gomes V G.Hybrid nanostructures based on titanium dioxide for enhanced photocatalysis[J].Applied Catalysis A：General，2015，489：1-16.

[4] Li X，Yu J G，Wageh S，et al.Graphene in Photocatalysis：A Review[J].Small，2016，12（48）：

6640-6696.

[5]   Nakata K，Ochiai T，Murakami T，et al.Photoenergy conversion with TiO$_2$ photocatalysis：New materials and recent applications[J].Electrochimica Acta，2012，84：103-111.

[6]   王传义，刘春艳，沈涛. 半导体光催化剂的表面修饰[J].高等学校化学学报，1998，19（12）：2013-2019.

[7]   Matsuoka M，Anpo M. Local structures，excited states，and photocatalytic reactivities of highly dispersed catalysts constructed within zeolites [J].Journal of Photochemistry and Photobiology C：Photochemistry Reviews，2003，3：225-252.

[8]   Matsuoka M，Ju W S，Yamashita H，et al. In situ characterization of the Ag$^+$ ion-exchanged zeolites and their photocatalytic activity for the decomposition of N$_2$O into N$_2$ and O$_2$ at 298 K[J]. Journal of Photochemistry and Photobiology A：Chemistry，2003，160（1）：43-46.

[9]   Leiggener C，Brühwiler D，Calzaferri G. Luminescence properties of Ag$_2$S and Ag$_4$S$_2$ in zeolite A [J].Journal of Materials Chemistry，2003，13：1969-1977.

[10]   Reber J F，Rusek M.Photochemical hydrogen production with platinized suspensions of cadmium sulfide and cadmium zinc sulfide modified by silver sulfide[J]. Jurnal of Physical Chemistry，1986，90：824-834.

[11]   Wang R J，Fujimoto T，Shido T，et al. Photocatalysis of metal clusters in cages：effective photoactivation of the water gas shift reaction catalysed on NaY zeolite-entrapped Pt$_{12}$ and Pt$_9$ carbonyl clusters[J]. Journal of the Chemical Society Chemical Communications.，1992，13：962-963.

[12]   Lee G D，Jung S K，Jeong Y J，et al. Photocatalytic decomposition of 4-nitrophenol over titanium silicalite（TS-1）catalysts[J]. Applied Catalysis A：General，2003，239：197-208.

[13]   Llabrés i X，F X，Calza P，Lamberti C，et al. Enhancement of the ETS-10 Titanosilicate Activity in the Shape-Selective Photocatalytic Degradation of Large Aromatic Molecules by Controlled Defect Production[J]. Journal of the American Chemical Society，2003，125（8）：2264-2271.

[14]   Higashimoto S，Matsuoka M，Zhang S G，et al . Characterization of the VS-1 catalyst using various spectroscopic techniques and its unique photocatalytic reactivity for the decomposition of NO in the absence and presence of C$_3$H$_8$[J]. Microporous and Mesoporous Materials.，2001，48：329-335.

[15]   Zhang S G，Ariyuki M，Mishama H，et al. Photoluminescence property and photocatalytic reactivity of V-HMS mesoporous zeolites Effect of pore size of zeolites on photocatalytic reactivity [J].Microporous and Mesoporous Materials.，1998，21：621-627.

[16]   Higashimoto S，Nishimoto K，Ono T，et al.Characterization of Fe-oxide species prepared onto ZSM-5 zeolites and their role in the photocatalytic decomposition of N$_2$O into N$_2$ and O$_2$ [J]. Chemistry Letters，2000，29（10）：1160-1161.

[17]   郭宗英，何静，白琰，等. 单金属双中心Ti-MCM-41分子筛催化剂的光催化性能[J].催化学报，2003，24：181-186.

[18]   Friedrich K A，Henglein F，Stimming U，et al.Size dependence of the CO monolayer oxidation

149

on nanosized Pt particles supported on Gold[J]. Electrochimica Acta, 2000, 45: 3283-3293.

[19] Min M, Cho J, Cho K, et al. Particle size and alloying effects of Pt-based alloy catalysts for fuel cell applicatons[J]. Electrochimica Acta, 2000, 45: 4211-4217.

[20] 杨慧敏, 何绪文, 何咏.电化学氧化法处理微污染水中的氮[J].环境化学, 2010, 29（3）: 491-495.

[21] 刘珊, 宋爽, 朱唯, 等.电化学氧化法预处理垃圾渗滤液的研究[J].应用化工, 2009, 38（3）: 55-56.

[22] 代晋国, 宋乾武, 姜萍, 等.电流密度对电化学氧化垃圾渗滤液效率影响[J].环境科学与技术, 2012, 35（12）: 198-202.